Rene Hummerich

Transglutaminase-mediierte Serotonylierung

Rene Hummerich

Transglutaminase-mediierte Serotonylierung

Untersuchungen zur Transglutaminase- mediierte Serotnylierung neuronaler und glialer Proteine, sowie der Monoaminylierung humanem Plasma Fibronektins

Südwestdeutscher Verlag für Hochschulschriften

Imprint
Any brand names and product names mentioned in this book are subject to trademark, brand or patent protection and are trademarks or registered trademarks of their respective holders. The use of brand names, product names, common names, trade names, product descriptions etc. even without a particular marking in this work is in no way to be construed to mean that such names may be regarded as unrestricted in respect of trademark and brand protection legislation and could thus be used by anyone.

Publisher:
Südwestdeutscher Verlag für Hochschulschriften
is a trademark of
Dodo Books Indian Ocean Ltd., member of the OmniScriptum S.R.L Publishing group
str. A.Russo 15, of. 61, Chisinau-2068, Republic of Moldova Europe
Printed at: see last page
ISBN: 978-3-8381-1973-1

Zugl. / Approved by: Darmstadt, TU, Diss., 2011

Copyright © Rene Hummerich
Copyright © 2011 Dodo Books Indian Ocean Ltd., member of the OmniScriptum S.R.L Publishing group

Inhaltsverzeichnis I

Abkürzungsverzeichnis VII

1. Einleitung 1

1.1.	Transglutaminase	1
1.2.	Gewebstransglutaminase (tTG; TGase2)	4
1.3.	Neuronale Kommunikation an der chemischen Synapse	7
1.4.	Monoaminerge Neurotransmission	10
1.4.1	Serotonerges System	11
1.4.2.	Noradrenerges System	13
1.4.3.	Dopaminerges System	14
1.5.	Die Gliazellen des zentralen Nervensystems	16
1.6.	Kommunikation zwischen Neuronen und Gliazellen	17
1.7.	Mechanismen der Zell-Zell- und Zell-Matrix-Interaktion	19
1.8.	Die extrazelluläre Matrix	19
1.9.	Die Funktion der extrazellulären Matrix im Nervensystem	21
1.10.	Aufgabenstellung und Zielsetzung der Arbeit	22

2. Materialien 25

2.1.	Zellen	25
2.2.	Mammalia Zellinie	25
2.3.	Plasmid	25
2.4.	Zellkulturmedium	25
2.5.	Chemikalien und weitere Materialien	25
2.6.	Geräte	27
2.7.	Laborkunststoffwaren	28
2.8.	Puffer und Lösungen	28

3.	**Methoden**	**32**
3.1.	Molekularbiologische Methoden	32
3.2.	Zellbiologische Methoden	32
3.2.1.	Kultur eukaryontischer Zellen	32
3.2.2.	Passagieren von Zellen	32
3.2.3.	Kryokonservierung, Lagerung und Auftauen von Zellen	33
3.2.4.	Gelatine Beschichtung von 24 Well-Platten und Deckgläschen	33
3.3.	**Biochemische Methoden**	**34**
3.3.1.	Gesamt Maushirnprotein Präparation	34
3.3.2.	Expression und Aufreinigung der recombinanten Transglutaminase 2	34
3.3.3.	Bestimmung der Transglutaminase-Aktivität	35
3.3.4.	Proteinbestimmung nach *Markwell et al., 1978*	38
3.3.5.	SDS-Polyacrylamid-Gelelektrophorese (SDS-PAGE)	38
3.3.6.	Coomassie-Färbung von Proteinen im SDS-PAGE-Gel	39
3.3.7.	Proteintransfer durch Western-Blot	39
3.3.8.	Detektion mit spezifischen Antikörpern	40
3.3.9.	Zellzahlbestimmung mit Trypanblau	41
3.3.10.	Autofluoreszenz Analyse an C6-Glioma-Zellen	42
3.3.11.	Gesamtprotein Färbung von Zellen	42
3.3.12.	Einfluss der Serotonylierung auf das Zellwachstum	43
3.3.13.	Visualisierung TGase-mediierter Transamidierung von Proteinen in der SDS-PAGE	43
3.4.	**Pharmakologische Methoden**	**44**
3.4.1.	Transamidierungsassay für die Bestimmung der endogenen Transglutaminase	44
3.4.2.	Bindungs- und Transamidierungsassay für endogene und recombinante Transglutaminase an Mausgehirn und Fibronektin	45

3.4.3. Bindungs- und Transamidierungsassay für endogene und recombinante Transglutaminase an C6-Glioma-Zellen ... 45

3.4.4. Sättigungsanalyse für die TGase2-mediierte Transamidierung ... 46

3.4.5. Bestimmung der Inhibitionskonstanten (IC_{50}) für die TGase2-mediierte Transamidierung ... 47

3.4.6. Flüssigkeits-Szintillationsmessung ... 47

3.5. Auswertungsmethoden (Datenanalyse) ... **48**

3.5.1. Auswertungsmethoden: Transamidierungsassay ... 48

3.5.2. Statistik ... 49

4. Ergebnisse ... **53**

4.1. Herstellung und Aufreinigung der recombinanten Transglutaminase 2 ... **53**

4.1.1. Restriktionsverdau und Transfektion des Expressionsplasmids pQE32-TGase2 ... 53

4.1.2. Isolierung und Aufreinigung der recombinanten Transglutaminase 2 ... 53

4.2. Transamidierungsreaktion an gesamt Mausgehirnprotein ... **55**

4.2.1. Transamidierung von [3H]5-HT an gesamt Mausgehirn durch endogene Transglutaminase ... 55

4.2.2. Bestimmung der Zeitabhängigkeit der Transamidierungsreaktion durch recombinante Transglutaminase 2 ... 56

4.2.3. Transamidierung von [^{3}H]5-HT an gesamt Mausgehirn ... 59

4.2.4. Sättigungsanalyse der Transamidierung von [^{3}H]5-HT an gesamt Mausgehirn durch recombinante Transglutaminase 2 ... 61

4.3. Nachweis und Visualisierung der Serotonylierung extrazellulärer Proteine bei C6-Glioma-Zellen ... **62**

4.3.1. Serotonylierung von [^{3}H]5-HT an extrazelluläre Proteien von C6-Glioma-Zellen ... 62

4.3.2.	Inkorporation von Monodansylcadaverin und 5,7- Dihydroxytryptamin an C6-Glioma-Zellprotein	64
4.3.3.	Die Serotonylierung von 5-HT an C6-Glioma-Zellprotein induziert Proteinaggregation	66
4.3.4.	Einfluss der Serotonylierung auf das Wachstum von C6-Glioma-Zellen	69
4.3.5.	Visualisierung der TGase2-mediierten Inkorporation von Monodansylcadaverin an extrazelluläres C6-Glioma-Zellprotein in der SDS-PAGE	72
4.3.6.	Identifikation eines Zielproteins der TGase-mediierten Inkorporation von Monodansylcadaverin	75
4.4.	**Visualisierung und Charakterisierung der TGase2-mediierten Transamidierung von Serotonin an humanem Plasma Fibronektin**	**78**
4.4.1.	Visualisierung der TGase2-mediierten Inkorporation von Monodansylcadaverin an Fibronektin in der SDS-PAGE	78
4.4.2.	Serotonylierung von [^{3}H]-Serotonin an humanes Plasma Fibronektin und Bovine Serum Albumin	81
4.4.3.	Sättigungsanalyse für die TGase-mediierte Transamidierung von [^{3}H]-Serotonin an humanes Plasma Fibronektin	83
4.4.4.	Bestimmung der Inhibitionskonzentration (IC$_{50}$) der spezifischen Transamidierung von [^{3}H]-Serotonin an Fibronektin durch unmarkiertes 5-HT	84
4.4.5.	Bestimmung der Inhibitionskonzentration (IC$_{50}$) der spezifischen Transamidierung von [^{3}H]-Serotonin an Fibronektin durch unmarkiertes DA und NA	86
4.5.	**Charakterisierung der TGase2-mediierten Monoaminylierung von Dopamin und Noradrenalin an humanem Plasma Fibronektin**	**88**
4.5.1.	Transamidierung von [^{3}H]-Dopamin an Fibronektin	88
4.5.2.	Sättigungsanalyse für die TGase2-mediierte Transamidierung von [^{3}H]-Dopamin an Fibronektin	90

4.5.3.	Bestimmung der Inhibitionskonzentration (IC_{50}) der spezifischen Transamidierung von [^{3}H]-Dopamin an Fibronektin durch unmarkiertes DA	91
4.5.4.	Bestimmung der Inhibitionskonzentration (IC_{50}) der spezifischen Transamidierung von [^{3}H]-Dopamin an Fibronektin durch unmarkiertes 5-HT und NA	93
4.5.5.	Transamidierung von [^{3}H]-Noradrenalin an Fibronektin	94
4.5.6.	Sättigungsanalyse für die TGase2-mediierte Transamidierung von [^{3}H]-Noradrenalin an Fibronektin	96
4.5.7.	Bestimmung der Inhibitionskonzentration (IC_{50}) der spezifischen Transamidierung von [^{3}H]-Noradrenalin an Fibronektin durch unmarkiertes NA	97
4.5.8.	Bestimmung der Inhibitionskonzentration (IC_{50}) der spezifischen Transamidierung von [^{3}H]-Noradrenalin an Fibronektin durch unmarkiertes 5-HT und DA	98

5. Diskussion   **101**

5.1. Transamidierung des gesamt Mausgehirnproteins   **102**
5.2. Serotonylierung extrazellulärer C6-Glioma-Zellproteine   **103**
5.3. Serotonylierung von humanem Plasma Fibronektin   **106**
5.4. Monoaminylierung von humanem Plasma Fibronektin   **107**
5.5. Bedeutung der Monoaminylierung   **109**
5.6. Mögliche Bedeutung der Monoaminylierung bei Erkrankungen des zentralen Nervensystems   **110**
5.7. Ausblick   **112**

6. Zusammenfassung (deutsch und englisch)   **113**

    6.1. Zusammenfassung   **113**
    6.2. Abstract   **115**

7. Literaturverzeichnis   **117**

8.	**Anhang**	**138**
8.1.	Publikationsliste	138
8.2.	Tabellen- und Abbildungsverzeichnis	139

Abkürzungsverzeichnis

5,7-DHT	5,7-Dihydroxytryptamin
5-HT	5-Hydroxytryptamin
Abb.	Abbildung
Amp	Ampicillin
ATP	Adenosintriphosphat
B_{max}	maximale Bindung
BSA	Bovine Serum Albumin (Rinderserumalbumin)
cAMP	cyclisches Adenosinmonophosphat
(CB)Z-Gln-Gly	Carbobenzoxy-L-glutaminylglycin
cDNA	complementary Desoxyribonukleinsäure
CAMs	Zelladhäsionsmoleküle (engl. *cell adhesion molecules*)
Cit	Citalopram
COAT-platelets	Thrombozyten (engl. *collagen and thrombin activated platelets*)
COMT	Catechol-O-Methyltransferase
cpm	Counts pro Minute
DA	Dopamin
DAG	Diacylglycerol
DASB	3-amino-4-[2-dimethylaminomethyl-phenylsulfanyl]-benzonitril
DDC	L-Aminosäure-Decarboxylase
DG	Deckgläschen
DHPG	Dihydroxyphenylglykol
DL	Durchlicht Mikroskopie
DMEM	Dulbecco´s Modified Eagle´s Medium
DMSO	Dimethylsulfoxid
DOPA	3,4-Dihydroxyphenylalanin
DOPAC	3,4-Dihydroxyphenylessigsäure
DSMZ	Deutsche Sammlung von Mikroorganismen und Zellkulturen GmbH
EC 2.3…	EC-Nummern (engl. *Enzyme Commission numbers*) Numerisches Klassifikationssystem für Enzyme

E.coli	Escherichia coli
EDTA	Ethylendiamintetraacetat
E-SH	Reaktiver Cystein-Rest
EZM	Extrazelluläre Matrix
FM	Fluoreszenz Mikroskopie
FBS	fötales Rinderserum (Bovine)
FN	Fibronectin
GAT 1	GABA-Transporter 1
GABA	γ-Aminobuttersäure
GDP	Guanosindiphosphat
GFAP	engl. *glial fibrillary acidic protein*
GF/B	glass fiber Filter Stärke B
(h)DAT	(humaner) Dopamintransporter
GTP	Guanosintriphosphat
HEK293	human embryonic kidney cell line 293
HEPES	N-[2-hydroxyrthyl]piperazin-N'-2-ethanesulphonicsäure
(h)NET/ NAT	(humaner) Noradrenalintransporter
(h)SERT	(humaner) Serotonintransporter
IC_{50}	halbmaximale Inhibitionskonzentration
ICC	Immunocytochemistry
IP3	Inositoltriphosphat
IPTG	Isopropyl-β-D-thiogalactopyranosid
kb	Kilobasenpaare
kD / kDA	Kilo Dalton
K_D	Dissoziationskonstante
K_M	Michaelis-Konstante
LB	Lauria-Bertani Medium
M	Molar
MAO	Monoaminoxidasen
MDC	Monodansylcadaverin (N-(5-Aminopentyl)-5-dimetylaminonaphthalene1-sulfonamide)
MDMA	Methylendioxymethamphetamin
mg	Milligramm
µg	Mikrogramm

MHPG	Methoxyhydroxyphenylglykol
min	Minuten
µL	Mikroliter
mL	Milliliter
mM	Millimolar
µM	Mikromolar
MMP	Matrixmetalloproteinasen
MT	Monoamintransporter
n	Anzahl der Experimente; Größe der Stichprobe
NA	Noradrenalin
NG2	Proteoglycan; Gruppe der nicht kollagenen Proteine
Ni-NTA	Nickel nitrilotriacetic acid; 2-(carboxylatomethyl-(carboxymethyl)amino)acetate
n_H	Hillkoeffizient
ng	Nanogramm
nM	Nanomolar
OCT3	Organischer Kationentransporter
OD	Optische Dichte
P/S	Penicillin/Streptomycin
PBS	Phosphat buffered saline
PCA	p-Chloramphetamin
PEI	Polyethylenimin
PET	Positron-Emission-Tomographie
PMSF	Phenylmethansulfonylfluorid
PNN	Perineuronales Netz
pQE32	Transfektionsplasmid
p-Wert	Überschreitungswahrscheinlichkeit oder Signifikanzwert
RA	Retinsäure
RARs	Rezeptor der Retinsäurefamilie
(r) SERT	(Ratten) Serotonintransporter
SDS	Natriumdodecylsulfat
SDS-PAGE	Natriumdodecylsulfat Polyacrylamidgelelektrophorese (engl.: _s_odium _d_odecyl_s_ulfate _p_ol_ya_crylamide _g_el _e_lectrophoresis)

sec	Sekunden
S.E.M.	Standard error of mean
SNRI	selektiver Noradrenalinwiederaufnahmehemmer
SSRI	selektiver Serotoninwiederaufnahmehemmer
TAE	Tris-acetat-EDTA Elektrophorese Puffer
TBS	tris-buffered saline
TCA	trizyklische Antidepressiva
TE	Tris-EDTA-Puffer
TGase / tTG	Transglutaminase
TH	Tyrosinhydroxylase
TIMP	MMP Inhibitoren; engl. *tissue inhibitors of metalloproteinases*
TPH	Tryptophanhydroxylase
Tris	Tris-(hydroxymethyl)-aminomethan
UV	Ultraviolet
u-PA	Proteasen; urokinase-type plasminogen activator
Vgl.	Vergleiche
V_{max}	maximale Transamidierungsrate
VMAT	Vesikuläre Monoamintransporter
VTA	ventralen Tegmentum
v/v	Volumen/Volumen
w/v	Gewicht/Volumen
XLBlue	Escherichia coli Stamm; Firma STRATAGENE (USA)
ZI	Zentralinstitut für Seelische Gesundheit, Mannheim
ZNS	Zentrales Nervensystem

1. Einleitung

1.1. Transglutaminasen

Die Transglutaminasen (TGase; Protein-Glutamin: Amin γ-Glutamyltransferase, EC 2.3.2.13) gehören zur Enzymklasse der Acyltransferasen und sind ubiquitär. So wurden sie unter anderem bei Vertebraten (Chung & Folk 1972; Wong et al., 1990; Weraarchakul-Boonmark et al., 1992; Grant et al., 1994; Yasueda et al., 1994), Invertebraten und Mollusken (Tokunaga et al., 1993; Singh & Mehta 1994; Nozawa et al., 1997), Pflanzen (Icekson & Apelbaum 1987; Serafini-Fracassini et al., 1988, Margosiak et al., 1990; Kang & Cho 1996) und Mikroorganismen (Ando et al., 1989; Klein et al., 1992; Ruiz-Herrera et al., 1995) nachgewiesen. Bei Vertebraten existieren mehrere TGase-Isoformen, die in unterschiedlichen Gewebearten sowohl intra- und extrazellulär als auch membranständig vorkommen (Folk, 1980; Greenberg et al., 1991; Mehta, 2005). Derzeit sind 9 Transglutaminasen bekannt; diese werden von einer Familie von strukturell und funktionell verwandten Genen kodiert, von denen wiederum 8 aktive Enzyme kodieren (Grenard et al., 2001).

Tabelle 1: Transglutaminasen.

Name	Synonym	kDa	Gewebe	Lokalisation
TG1	TGK, Keratinozyten-TG, Typ 1 TG	90	Epithelien	zytosolisch, Membran
TG2	TGC, tissue TG, Typ 2 TG	80	ubiquitär	zytosolisch, Nucleus, extrazellulär
TG3	TGE, epidermale TG, Typ 3 TG	77	Epithelien	zytosolisch
TG4	TGP, prostate TG, Typ 4 TG	77	Prostata?	extrazellulär
TG5	TGX, Typ 5 TG	81	Epithelien	zytosolisch
TG6	TGY, Typ 6 TG	unbekannt	unbekannt	unbekannt
TG7	TGZ, Typ 7 TG	80	ubiquitär	unbekannt
FXIII	FaktorXIIIA, Plasma-TG, Fibrin stabilisierender Faktor	83	Blutplasma, Thrombozyten	extrazellulär
*Bande 4.2	Erythrozyten Proteinbande 4.2	77	Erythrozyten	Membran

*Das bei Erythrozyten membranständige Protein „Bande 4.2" zeigt hohe Sequenzhomologie mit den meisten TGasen, besitzt aber keine quervernetzende Aktivität, da in seiner Primärsequenz der Cys-Rest im aktiven Zentrum durch Alanin ersetzt wird (Sung et al., 1990; Ideguchi et al., 1990; Korsgren et al.,1990).

Die eukaryotische Transglutaminase katalysiert kalziumabhängig den Acyl-Transfer von proteingebundenen Glutamin-Resten auf primäre Amine. Ist an der Reaktion neben der γ-Glutamylgruppe der Aminosäure Glutamin auch die ε-Aminofunktion eines Lysin-Restes beteiligt, kommt es zu einer intra- bzw. intermolekularen Vernetzung von Proteinen durch Ausbildung einer Isopeptidbindung. Im aktiven Zentrum von Transglutaminasen befindet sich ein reaktiver Cystein-Rest (E-SH). Der biochemische Mechanismus, der diesem zugrunde liegt, ist eine sogenannte „ping-pong" Kinetik. Diese gliedert sich in zwei Teilschritte. Im ersten Schritt werden unter Ausbildung des Acyl-Enzym-Komplexes Ammonium-Ionen freigesetzt. Im zweiten Schritt erfolgt die Übertragung auf primäre Amine unter Freisetzung des Enzyms (Loewy 1968; Lorand & Conra 1984). Die TGase mediierte Modifizierung von Proteinen umfasst drei Hauptfunktionen mit weiteren untergeordneten Mechanismen: Erstens die Transamidierung mit Inkorporation von Aminen, das „Crosslinking" und die Acylierung, zweitens die Veresterung und drittens die Hydrolyse mit Deamidation und Isopeptidspaltung (siehe Abb.1A).

Die bei der Transamidierung ausgebildete Isopeptidbindung ist aus biochemischer Sicht sehr stabil, da sie nicht enzymatisch durch Proteasen gespalten werden kann (Folk, 1983; Greenberg et al., 1991; Polakowska et al., 1991). Sie trägt im wesentlich zur Stabilisierung von Gewebe bei (Aeschlimann & Paulsson 1994). Durch die kovalente Verknüpfung von Polypeptidketten stabilisieren TGasen auch Filamentstrukturen (Chung & Folk 1972) und membrangebundene Rezeptorproteine (Grasso et al., 1987).

Transglutaminasen sind beteiligt an der Blutgerinnung (Greenberg et al., 1991, Dale et al. 2002, Walther et al. 2003), Apoptose (Fesus et al., 1991) und Quervernetzung von intrazellulären Proteinen bezüglich der Gestaltung des "cornified cell envelope" (Aeschlimann & Paulsson 1994). Sie werden außerdem mit neurodegenerativen Krankheiten wie Morbus Alzheimer und Chorea Huntington in Verbindung gebracht (Cooper et al., 1999; Kim et al., 2002).

Abbildung 1: Die Biochemische Aktivität von Transglutaminase.

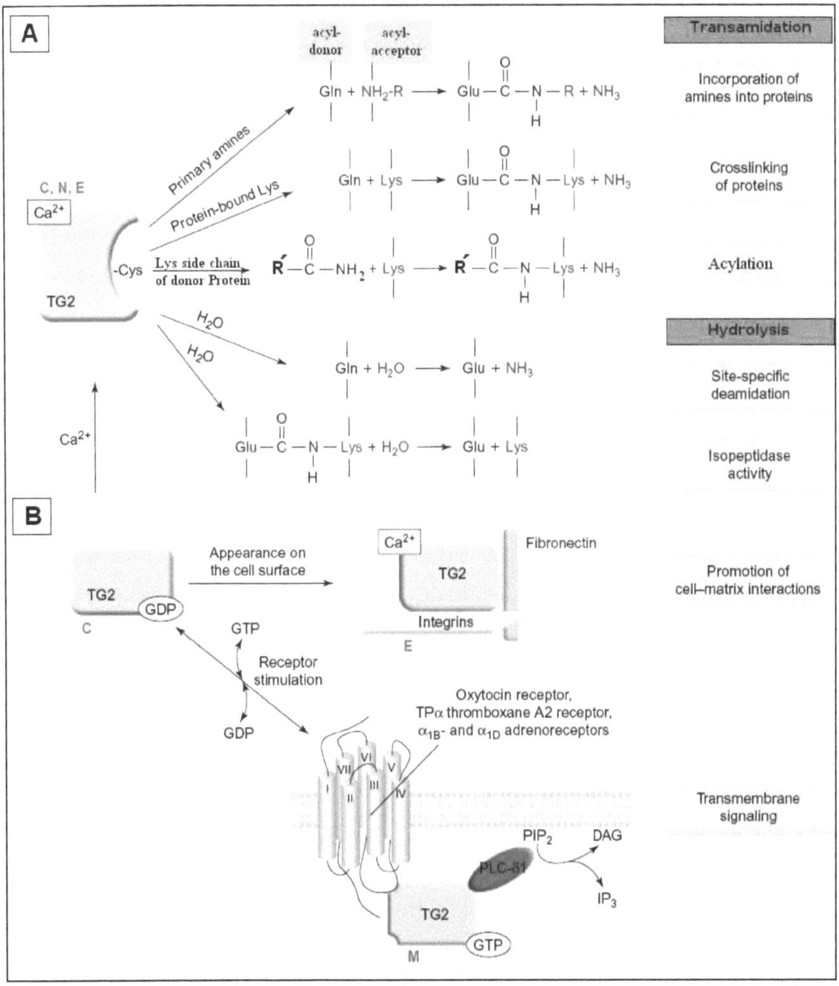

A) TGase katalysiert Ca^{2+}-abhängig acyl-transfer Reaktionen (Transamidierung) zwischen γ-Carboxamidgruppen von Proteinen mit Glutaminresten und ε-Aminogruppen von Proteinen mit Lysinresten (Crosslinking). Des Weiteren zwischen Glutaminresten und primären Aminen (Inkorporation), sowie die Acylierung von Lysingruppen im Protein (Acylation).
Die plasmaständige TGase2-Form besitzt zusätzlich eine Hydrolyseaktivität, welche Amine aus donator Substraten wie Glutamin (Site-specific-deamidation) entfernt. Außerdem wurde nachgewiesen, dass TGase2 Isopeptide spaltet (Isopeptidase activity).
B) Außerhalb der Zelle ist TGase2 unter Interaktion mit Fibronektin und Integrinen an der Zell-Matrix-Bindung beteiligt. Zusätzlich bindet und aktiviert TGase2 Phospholipase C. Dieses führt zur Stimulation unterschiedlicher zelloberflächen Rezeptoren; Die GTP gebunde Form zeigt GTPase Aktivität und vermittelt so über die Rezeptoren Transmembran-Signalling.
TGase2 Aktivität findet im Cytosol (C), im Nukleus (N) und extrazellulär (E) statt. Außer der Isopeptidspaltung finden alle Reaktionen in vivo, das heißt in der Zelle oder im Gewebe statt (Abbildung modifiziert nach Fesus & Piacentini, 2002).

1.2. Gewebstransglutaminase (tTG; TGase2)

Die calcium- und thiolabhängige Gewebstransglutaminase (TGase2) ist biochemisch und immunhistochemisch in nahezu allen Organen nachzuweisen (Thomazy & Fesus, 1989; Knight et al., 1990 a; Knight 2 et al., 1990 b). TGase2 ist ein Vertreter der G-Proteine mit dualer Funktion (Folk 1980). Sie verfügt über zwei verschiedene enzymatische Aktivitäten; einmal die normale Fähigkeit zur Quervernetzung durch die enzymatische Transamidierungsaktivität, andererseits eine Ca^{2+}-abhängige GTPase-Aktivität (Lee et al., 1989; Lai et al., 1996 & 1998). Für diese beiden Funktionen liegen auch zwei unabhängige aktive Zentren vor (Lee et al., 1993). Das Zentrum für die Bindung eines einzelnen GTP-Moleküls liegt im Bereich der N-terminalen Aminosäuren 1-185, eine Deletion der C-terminalen 149 Aminosäuren in der normalen TGase-Sequenz führt zu einer deutlichen Erhöhung der GTP-Hydrolyseaktivität auf den 34fachen Wert des intakten Enzyms (Singh et al., 1995; Lai et al., 1996).

Hauptsächlich katalysiert die TGase2 Verbindungen zwischen intrazellulären Proteinen, sogenannte „*crosslinks*". Auf diese Weise wird ein biologisches, unlösliches Netz in der Zelle angefertigt. Während der Apoptose stabilisiert sie den Zellinhalt, so dass dieser in der Zelle gehalten, in Vesikel verpackt und abgebaut werden kann. Als Substrate dienen hierzu Tubulin, Vinculin, Actin, Histone und andere intrazelluläre Proteine. Von einigen Autoren wurde zudem noch eine hydrolytische Aktivität der Transglutaminase beschrieben (Fesus et al., 1991 und 1996; Fesus, 1992 und 1998; Autuori et al., 1998).

Die Transamidierungsaktivität der TGase2 katalysiert die kovalente Bindung von primären Aminogruppen an Glutaminreste anderer Proteine. Wahrscheinlich moduliert diese Bildung von kovalenten Bindungen eine Reihe von Prozessen, unter anderem den Aufbau und die Aufrechterhaltung der Extrazellulären Matrix, Endozytose, Differenzierung und Apoptose (Aeschlimann et al., 1993 & 1995; Davies et al., 1980; Oliverio et al., 1997; Piacentini et al., 1991). Eine ausbalancierte Regulation der TGase2 Aktivität ist notwendig für die Aufrechterhaltung normaler zellulärer Funktionen (Lesort et al., 2000).

Bei vielen Zelltypen wird die TGase2 auf einem niedrigen Niveau exprimiert und steigt nur durch eine lange Exposition eines externen Stimulus an (Antonyak et al., 2001; Tucholski et al., 2001). Ein solch beständiger Induktor ist die Retinsäure (RA) (Sporn & Roberts, 1983; Chiocca et al., 1988), die ihren zellulären Effekt auf die Bindung von Rezeptoren der Retinsäurefamilie (RARs) hat. Diese dienen als Transkriptionsaktivatoren für die Hochregulierung der TGase Expression (Pfahl et al., 1994). RA agiert als direkter Regulator der TGase2 Genexpression, ein Effekt, der häufig durch cAMP potenziert wird (Chiocca et al., 1988; Murtaugh et al., 1984).

Bei Mäusen erhöht sich die spezifische Aktivität der TGase während der Reifung gesunder Gehirnzellen um das zwei- bis dreifache (Maccioni & Seeds, 1986). Untersuchungen bezogen auf die Aktivität und den Gehalt von Transglutaminase in menschlichen Neuroblastomazellen zeigten, dass GTP und Ca^{2+} regulierend auf die jeweilige Aktivität wirken. Außerdem, dass Retinsäure (RA) signifikant die Menge und die *in vitro-*, nicht jedoch die *in vivo*-Aktivität dieser TGase erhöht (Zhang et al., 1998). Während der Differenzierung neuronaler Zellen (SH-SY5Y) stieg die Aktivität bis auf das Zehnfache des Ausgangswertes an (Tucholski et al., 2001).

Die enzymatische Aktivität der TGase2 kann durch die Bindung von Cofaktoren, wie z.b. GTP und Ca^{2+} reguliert werden. Studien haben gezeigt, dass die TGase2 in ihrer katalytischen Transamidase-Aktivität im GTP-gebundenen Zustand inhibiert war, wohingegen die GTP-Hydrolyse und die Bindung von Ca^{2+} die Transamidierung verstärken (Achyuthan & Greenberg, 1987; Singh et al., 1995).

Andere Arbeitsgruppen berichten, dass GTP und GDP die Transamidase-Aktivität inhibieren (Lai et al., 1996), was darauf hindeutet, dass die GTP-Bindung für die Transamidierung nicht der spezifische Regulator sein kann, eventuell jedoch als Vermittler der Signaltransduktion dient. Ein Beispiel dafür ist die Stimulation der Phospholipase C Aktivität, die über den α1-andrenergen Rezeptor vermittelt wird. Sie wird beeinflusst durch ein 80kD GTP-bindendes Protein, das als TGase2 identifiziert wurde (Nakaoka et al., 1994) (vergleiche Abb. 1B).

Der Inkorporationsprozess von Polyaminen durch die enzymatische Aktivität der TGase wird dosisabhängig durch kompetitive Inhibitoren, wie z.B. Cystamin und Monodansylcadaverin (MDC) (N-(5-Aminopentyl)-5-dimetylaminonaphthalene1-sulfonamide), verhindert (Chandrashekar & Mehta, 2000). MDC wirkt als Inhibitor effektiv auf das Proteincrosslinking der TGase2, stellt einen potentiellen Inhibitor bei der Endocytose dar und stimuliert die Synthese von Phosphatidylinositolen. MDC bindet an die aktive Seite der TGase2, dem Cysteinrest (Cys277) (Lee et al., 1993; Mian et al., 1995) und verhindert so die Enzymaktivität.

Die bekanntesten Vertreter der tierischen Transglutaminasen sind Faktor XIII und die Tissue TGasen (Chung, 1972; Greenberg et al., 1991). Faktor XIIIa wird als inaktives Zymogen synthetisiert und durch die Serinprotease Thrombin zu Faktor XIII aktiviert. F XIII spielt eine entscheidende Rolle im letzten Schritt der Blutgerinnungskaskade, indem er die gebildeten Fibrin-Polymere quervernetzt. Dieses geschieht über die Aktivierung von speziellen Thrombozyten, sogenannte COAT-platelets (collagen and thrombin activated). Die Transamidierung von Serotonin an die procoagulierenden Proteine Fibrinogen, Thrombospodin und Faktor V resultieren in einem stabilen, multivalentem Komplex an der Zelloberfläche der Thrombozyten (Dale et al. 2002, Szasz & Dale, 2002) (vergleiche Abb. 2).

Abbildung 2: Modell der durch Serotonylierung aktivierten Thrombozyten (COAT-platelet; collagen and thrombin activated platelets)

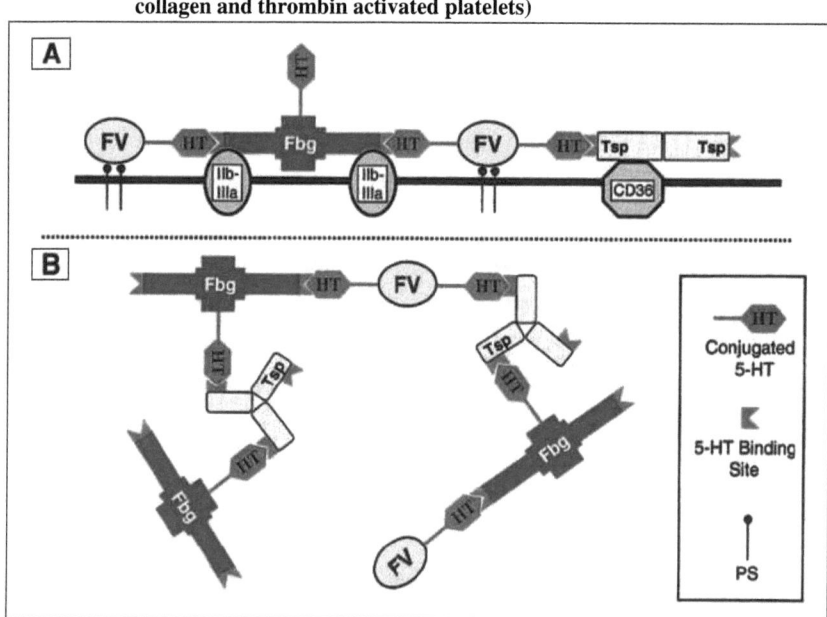

Abbildung 2: Serotonylierung der an der Procoagulation beteiligten Faktoren und Aktivierung von Thrombozyten (COAT-platelet).
A) Querschnitt der Thrombozytenmembran ohne Rezeptoren; Fibrinogen (Fbg), Faktor V (FV) und Thrombospondin (Tsp) sind gebunden an Glykoprotein IIb-IIIa, Phosphatidylserin (PS) und CD36. An FV konjugiertes Serotonin (HT) bindet an Fibrinogen und Thrombospondin und verstärkt die Stabilität des Gesamtnetzwerkes.
B) Detaillierte Ansicht der Aktivierung von Thrombozyten durch mögliche Interaktionen von konjugiertem Serotonin (HT) mit den unterschiedlichen Proteinen. Fibrinogen bindet nicht nur an GP IIb-IIIa und an den Faktor V-Serotonin-Komplex, sondern ist selber mit Serotonin konjugiert. Diese Vernetzung der Proteine unter Mitwirkung von Serotonin ergibt eine 3-Dimensionalen-Matrix mit verstärkter Bindung an die Zelloberfläche (Abbildung Szasz & Dale, 2002).

Eine genauere Untersuchung des zugrundeliegenden Mechanismus zeigte, dass die spezifische Transamidierung von 5-HT an kleinen GTPasen zu deren konstitutiver Aktivierung führte und das diese Serotonylierung, während der Aktivierung und Aggregation von Thrombozyten, einen rezeptorunabhängigen intrazellulären Signalweg des Serotonins darstellte (Walther et al. 2003).

Die Gewebstransglutaminase aus der Meerschweinchenleber stellt die derzeit am besten charakterisierte TGase2 dar (Connellan et al., 1971; Birckbichler et al., 1976; Slife et al., 1986). 2003 gelang es Gillet et al. mittels Expression in *Escherichia coli,* hexahistidin-markierte TGase2 recombinant aufzureinigen.

Die Transglutaminase 2 liegt überwiegend gelöst im Zytoplasma und nur zu einem kleinen Teil (etwa 17%) an die Plasmamembran gebunden vor (Slife et al., 1985). Die membranständige TGase ist nicht in die Plasmamembran integriert, sondern als lösliches Protein *in vitro* überwiegend an die Membran assoziiert. Bei der membranständigen und der zytoplasmatischen TGase2 handelt es sich um dasselbe Protein, das jedoch abhängig von äußeren Bedingungen, seine Lokalisation zu ändern vermag (Slife et al., 1987). Diese Verlagerung ins Zytoplasma kann auch in Zusammenhang stehen mit der oben beschriebenen Funktionsumschaltung von GTPase zur TGase.

Die in Rattenleber identifizierte TGase2, mit einem Molekulargewicht von 87kDa, lag ebenfalls in einer löslichen und einer membrangebundenen Form vor (Knight et al., 1990) und zeigte sowohl im Zytoplasma als auch in Kernfraktionen TGase-Aktivität (Remington & Russel 1982). Hierbei war im Kern die höchste spezifische Aktivität nachzuweisen, was zugleich die nukleäre Lokalisation von TGase-Substraten bewies (El Alaoui et al., 1991; Roch et al., 1991; Ballestar et al., 1996; Lesort et al., 1998; Piredda et al., 1999).

Weitere Untersuchungen zeigten, dass die TGase, während der Bildung von Gewebe und Organen die Quervernetzung von Komponenten der Extrazellulären Matrix (Thomazy & Fésus, 1989; Aeschliman et al., 1995) sowie die Adhäsion von Zellen fördert (Grinnell et al., 1980). Als Substrate wurden dabei Fibronektin, Fibrinogen, Kollagen II, V und XI, Osteonectin und Osteopontin identifiziert. Die TGase2 reguliert unter anderem die Regeneration von Zellen, die Reparatur von geschädigten Gewebeteilen (Upchurch et al., 1991), das Wachstum von Zellen (Kojima et al., 1993), die Wundheilung (Upchurch et al., 1991; Raghunath et al., 1996), sowie axonales Wachstum und Regeneration (Eitan & Schwartz, 1993; Eitan et al., 1994).

1.3. Neuronale Kommunikation an der chemischen Synapse

Das zentrale Nervensystem (ZNS) ist aus Nervenzellen (Neuronen) und Gliazellen aufgebaut. Im erwachsenen Gehirn gibt es etwa 10^{11} Nervenzellen und 10x so viele Gliazellen. Die Gliazellen, die kleiner als die Nervenzellen sind, bilden die Blut-Hirn-Schranke, die Myelinschicht der Axone, das Immunsystem des Nervensystems und haben zusätzlich ernährende und stützende Funktionen.

Die Nervenzellen bestehen aus einem Zellkörper (Soma), einer großen Anzahl an Dendriten und einem Axon. An den verzweigten Enden der Axone bilden diese eine Vielzahl von Synapsen, die in direktem Kontakt mit anderen Nervenzellen stehen. Die Signalübertragung findet an den Synapsen statt. An diesen Kontaktstellen tritt eine synaptische Endigung eines Axons (Präsynapse) mit der Plasmamembran einer nachgeschalteten Nervenzelle (Postsynapse) in Verbindung. Der Kontakt findet nicht direkt, sondern über den synaptischen Spalt statt, welcher beide Teile der Synapsen voneinander trennt. Die Signalübermittlung im synaptischen Spalt wird von chemischer Substanzen, den Neurotransmittern vermittelt.

Bei der Ankunft eines elektrischen Signals in eine Synapse öffnen sich dort spannungs-abhängige Ca^{2+}-Kanäle. Dieses führt zum Einstrom von Ca^{2+} in die Synapse und in Folge zur Fusion der synaptischen Vesikel mit der präsynaptischen Membran. Die in den Vesikeln befindlichen Transmittersubstanzen werden so durch Exocytose freigesetzt. Die Neurotransmitter diffundieren durch den synaptischen Spalt und binden an Rezeptoren, die in der Membran der postsynaptischen Zelle sitzen. Dieses kann zur Öffnung von Ionenkanälen und zu einer Veränderung des Membranpotentials der postsynaptischen Zelle führen (Zimmermann, 1993; Connor et al., 1994; Calakos & Scheller, 1996). Der Vorgang stellt eine Übersetzung der chemischen „Botschaft" in eine physiologische Antwort dar. Je nach Rezeptortyp kann dieses sehr unterschiedlich ausfallen. Bei der Bindung exzitatorischer Transmitter, wie z.B. Acetylcholin oder Glutamat, an ligandenaktivierte Ionenkanäle führt dieses durch Permeabilitätserhöhung der postsynaptischen Membran für Kationen zu einer kurzfristigen (Millisekundenbereich) Depolarisation. Im Gegenzug aktiviert dieses spannungsabhängige Natriumkanäle in benachbarten Membranbereichen und kann so zur Entstehung und Ausbreitung eines Aktionspotentiales führen. Hingegen führt die Bindung eines inhibitorischen Transmitters, wie z.B. γ-Aminobuttersäure (GABA) oder Glycin an seinen Ionenkanal-Rezeptor zu einer anionenselektiven Permeabilitätserhöhung an der Membran. Dieses führt zur Hyperpolarisation der Postsynapse und verhindert die Reizweiterleitung. Die fein abgestimmte Kontrolle der neuronalen Aktivität wird durch die Interaktion der exzitatorischen und inhibitorischen Neurotransmittern vermittelt.

Des Weiteren können Neurotransmitter auch an Rezeptoren binden, die keine Ionenkanäle ausbilden, sondern nach Aktivierung von G-Proteinen, die an die Rezeptoren gekoppelten sind, die Aktivität von Adenylatcyklase und Phospholipasen regulieren. Diese kontrollieren ihrerseits die intrazelluläre Konzentration von „second messenger" wie z.B. zyklisches Adenosinmonophosphat (cAMP), Diacylglycerol (DAG) und Inositoltriphosphat (IP3). Über die „second messenger" wird die Aktivität diverser Proteinkinasen moduliert, welche wiederum Ionenkanäle kontrollieren, die zu Änderungen der Erregbarkeit des postsynaptischen Neurons führen. Diese Form der Signalvermittlung wird als Neuromodulation bezeichnet und durch so genannte neuromodulatorische Transmitter wie z.B. die Katecholamine Noradrenalin und Dopamin, so wie durch das Indolamin Serotonin (5-Hydroxytryptamin, 5-HT) vermittelt.

Die Neuromodulation setzt im Gegensatz zur Neurotransmission verzögert ein, kann dafür aber über einen längeren Zeitraum anhalten und neuroadaptive Veränderungen in die Wege leiten. Auf zellulärer Ebene kann es hierdurch zu Veränderungen der Erregbarkeit postsynaptischer Neurone oder der exocytotischen Aktivität präsynaptischer Neurone kommen. Ebenso kann es zur Aktivierung von Transkriptionsfaktoren und mit ihr einher gehend der Proteinbiosynthese kommen, was wiederum zur Ausbildung neuer Synapsen führt. Infolgedessen kommt es zur Erhöhung synaptischer Kontakte und somit zur Intensivierung neuronaler Kommunikation (Cooper et al., 1996).

Das gut koordinierte Zusammenspiel der verschiedenen Mechanismen der Signaltransduktion ist die Vorraussetzung für die komplexe neuronale Interaktion und beruht auf einer genau abgestimmten Konzentration der unterschiedlichen Neurotransmitter im synaptischen Spalt.

Die Neurotransmitter durchlaufen während der Neurotransmission folgenden Lebenszyklus:

I.) exocytotische Freisetzung aus den synaptischen Vesikeln in den synaptischen Spalt;

II.) Bindung an ihren Zielrezeptor und hierdurch Initiierung der Signaltransduktion;

III) Dissoziation vom Rezeptor und nachfolgende Wiederaufnahme (reuptake) in die Präsynapse oder die umgebende Glia;

IV) Degradation im Zytosol oder Akkumulation in die synaptischen Vesikel (Zimmermann, 1993).

Die in die Vesikel wieder aufgenommenen Transmitter stehen dem Transmissionsvorgang wieder zur Verfügung. Der Wiederaufnahmevorgang durch die präsynaptische Membran benötigt als treibende Kraft den Co-Transport von Na^+-Ionen, wohingegen die Aufnahme in die synaptischen Vesikel durch eine vesikuläre Protonenpumpe angetrieben wird. Der entscheidende Schritt zur Beendigung der Neurotransmission ist die rasche und effiziente Entfernung der Neurotransmitter aus dem synaptischen Spalt. Die Schlüsselposition für die Entfernung der Neurotansmitter haben somit die Neurotransmitter Transporter inne, da sie die Konzentration aktiver, zur Signaltransduktion fähiger Transmitter direkt regulieren. Eine Ausnahme stellt hierbei das Acetylcholin dar, bei welchem die Signaltransduktion durch enzymatische Hydrolyse (Acetylcholinesterase) beendet wird.

1.4. Monoaminerge Neurotransmission

In Neuronen des Nervensystems erfolgt die schnelle Übertragung von Informationen durch fortgeleitete elektrische Aktionspotentiale. Die Reizweiterleitung an den Synapsen über chemische Botenstoffe (Neurotransmitter), wie z.B. den Monoaminen Dopamin, Noradrenalin und Serotonin. Ihre Freisetzung erfolgt durch vesikuläre Exozytose ausgelöst durch ein Aktionspotential, das zur Depolarisation und nachfolgendem Ca^{2+}-Einstrom führt. Im synaptischen Spalt interagieren die Neurotransmitter mit post- und präsynaptischen Rezeptoren. Die Erregung der postsynaptischer Rezeptoren an den Erfolgsorganen führt zur Auslösung von Signalkaskaden bzw. bei nachgeschalteten Neuronen zur Reizweiterleitung. Die Erregung präsynaptischer Rezeptoren vermag hingegen die Freisetzung weiterer Neurotransmitter im Sinne einer negativen oder positiven Rückkopplung zu modulieren. Um eine permanente Besetzung der Rezeptoren zu verhindern und auf diese Weise die Weiterleitung nachfolgender Aktionspotentiale zu ermöglichen, müssen die freigesetzten Neurotransmitter schnell und effizient aus dem Spalt entfernt werden. Hierdurch wird zusätzlich die Diffusion aus dem synaptischen Spalt in das umgebende Gewebe limitiert. Diese Aufgabe übernehmen in erster Linie membranständige Transporter. An den Synapsen der dopaminergen, noradrenergen und serotonergen Neurone werden entsprechend Dopamin-, Noradrenalin- bzw. Serotonintransporter (DAT, NAT bzw. SERT) exprimiert. Diese führen die Monoamine dem Zytoplasma der prätsynaptischen Neurone zu. Vesikuläre Monoamintransporter (VMAT) sind für den anschließenden Transport aus dem Zytoplasma in die Speichervesikel verantwortlich. Von diesem Transporter existieren zwei unterschiedliche Subtypen. Der VMAT1 wird in der Peripherie, der VMAT2 überwiegend im zentralen Nervensystem (ZNS) exprimiert (Peter et al., 1995). Nur ein geringer Teil der rückaufgenommenen Monoamine wird von der Monoaminoxidase (MAO) inaktiviert. Die Monoamine unterliegen somit zum größten Teil einem Kreislauf, sie werden sozusagen „recycelt". Dieser Sachverhalt unterstreicht die physiologische Bedeutung der Neurotransmittertransporter für die Monoaminhomöostase. Eine veränderte Funktion dieser Transporter hat einen maßgeblichen Einfluss auf die Konzentration bzw. die Verweildauer der Neurotransmitter im synaptischen Spalt.

1.4.1. Serotonerges System

Der größte Teil, > 90% des endogenen Serotonin (5-HT) wird sowohl beim Menschen, als auch bei den meisten Säugetieren in den enterochromaffinen Zellen des Gastrointestinaltraktes synthetisiert. Auch das 5-HT der Thrombozyten und Mastzellen stammt aus dieser Quelle. Serotonin reguliert gastrointestinale Reflexe, Kontraktionen der glatten Gefäßmuskulatur, die Plättchenaggregation und immunmodulatorische Funktionen. Darüber hinaus ist 5-HT als Neurotransmitter im ZNS von entscheidender Bedeutung. Die Zellkörper der serotonergen Neurone des ZNS liegen in den Raphé Kernen und projizieren mit ihren Axonen in zahlreiche Hirnregionen. Die rostralen Raphé Gruppen innervieren das Telencephalon und das Diencephalon. Die dorsale Raphé versorgt beispielsweise das Neostriatum, den cerebralen Cortex, sowie die Kleinhirnrinde (Halliday & Hardin 1995). Das limbische System wird von den Raphé medianus Kernen versorgt. Die caudale Raphé Gruppe projizieren ihre Axone in das Rückenmark und die Medulla oblongata. Es gibt zwei aufsteigende Hauptbündel serotonerger Fasern. Das dorsale Bündel ventral des medialen longitudinalen Fasciculus beginnt auf Höhe des Locus coeruleus und umfaßt Fasern des Nucleus Raphé dorsalis. Das andere Bündel lateral des Nucleus Raphé medialis beginnt auf Höhe des Nucleus trochlearis und enthält serotonerge Fasern des Nucleus Raphé dorsalis und des Nucleus Raphé medialis (Azmitia & Whitaker, 1991; Törk, 1990). Striatum, Nucleus accumbens und das laterale Septum werden primär von Fasern aus dem dorsalen Ncl. Raphé innerviert, Hippocampus und das mediale Septum überwiegend vom medialen Ncl. Raphé.

Eine besonders dichte Innervation durch serotonerge Neurone findet man im Hippocampus, im Nucleus suprachiasmaticus des Hypothalamus, in der Pars compacta der Substantia nigra, im medialen Nucleus mammilaris, im lateralen Septum, im Nucleus paraventricularis des Thalamus, im Nucleus geniculatum laterale und im Nucleus medialis der Amygdala (Azmitia & Whitaker-Azmitia, 1991). In geringerer Dichte sind 5-HT Axone in fast allen Gehirnregionen nachweisbar (Schiebler & Schmidt 1995).

Die einzelnen serotonergen Neurone sind nicht homogen. So finden sich in vielen Zellen neben Serotonin auch noch andere Neurotransmitter (Jacobs & Azmitia, 1992).

Die essentielle Aminosäure Tryptophan wird über die Tryptophan – Hydroxyxlase (TPH) zu 5-Hydroxytryptophan (5-HTP) hydroxyliert und dann durch die 5-Hydroxytryptophan-Decarboxylase (identisch mit der DOPA-Decarboxylase) zu Serotonin decarboxyliert. Induktor der Hydroxylierung ist Cortisol (Karlson et al., 2005). Das fertige Serotonin wird mittels reserpinempfindlichen

VMAT 2 (Vesikulärer Monoamintransporter 2) in Speichervesikel aufgenommen. Nach Erregung werden die Vesikel in den synaptischen Spalt entleert.

Der Transmitter Serotonin gelangt durch Diffusion an die verschiedenen prä- und postsynaptischen Rezeptoren, wo durch seine Bindung der jeweilige Transduktionsmechanismus zu einer Depolarisation bzw. Hyperpolarisation der Zelle führt. Die Wirkdauer im synaptischen Spalt wird durch zwei Mechanismen begrenzt:

1.) Wiederaufnahme in die präsynaptische Zelle mit Hilfe des Serotonintransporters (SERT).

2.) Abbau durch das Enzym Monoaminooxidase (MAO) zu 5-Hydroxyindolessigsäure; besonders gut wird Serotonin durch MAO A abgebaut, wobei serotonerge Neurone sowohl MAO A, als auch MAO B enthalten.

Durch diese weitreichende Morphologie kann 5-HT zum Beispiel Appetit und Nahrungsaufnahme, Nocizeption, Sexual- und maternales Verhalten, Stress, Stimmung, sowie die Regulation von Schlaf und Körpertemperatur modulieren (Jacobs & Fornal, 1991). Des Weiteren werden viele Krankheiten und Verhaltensmerkmale wie Alkoholismus, Migräne, impulsive Aggression, Ängstlichkeit, unipolare Depressionen sowie bipolare affektive Störungen mit Veränderungen der 5-HT-Regulation in Verbindung gebracht (Bellivier *et al.*, 1998; Lucki, 1998; Mann et al., 2001; Durham & Russo, 2002).

Neuropharmakologische Grundlagenforschung und klinische Studien haben gezeigt, dass zwei aminerge Neurotransmitter wahrscheinlich bei der Entstehung von affektiven Erkrankungen, zumindest aber bei deren Therapie eine wichtige Rolle spielen, nämlich Serotonin (5-Hydroxytryptamin, 5-HT) und Noradrenalin (Heinrich et al., 1991; Charney, 1998). So beruht der Wirkungsmechanismus fast aller antidepressiv wirkenden Medikamente darauf, dass sie die Konzentration von Serotonin und/oder Noradrenalin im synaptischen Spalt erhöhen (Nemeroff, 1998). Dies geschieht durch eine selektive Wiederaufnahmehemmung dieser Transmitter ("selektive *serotonin* reuptake inhibitors" = SSRIs, "selektive *norepinephrine* reuptake inhibitors" = SNRIs), eine kombinierte Wiederaufnahmehemmung ("klassische" trizyklische Antidepressiva, TCAs), oder durch verminderten enzymatischen Abbau aminerger Neurotransmitter mittels Hemmung der Monoaminoxidasen ("MAO-Inhibitoren"). Serotonin- und Noradrenalin-Wiederaufnahmehemmer binden mit hoher Affinität an präsynaptisch lokalisierte substratspezifische Transporterproteine für Monoamine und inhibieren den Substrattransport zurück in die Präsynapse, woraufhin es zu einer erhöhten Transmitterkonzentration im synaptischen Spalt kommt (Schloss & Williams, 1998, Zahniser & Doolen, 2001, Schloss & Henn, 2004). Antidepressiva hemmen hier die Monoaminaufnahme zwar sehr schnell und effektiv, eine Verbesserung der Stimmungslage der Patienten tritt jedoch gewöhnlich erst nach ein bis zwei

Wochen ein. Folglich kann die Inhibition der Transmitterwiederaufnahme *per se* nicht für die antidepressive Wirkung der Substanzen verantwortlich sein, vielmehr scheinen längerfristige, nachgeschaltete neuroadaptive Mechanismen dem therapeutischen Effekt zugrunde liegen. So gibt es mittlerweile vermehrt Hinweise, dass anhaltende Antidepressivabehandlung zum einen physiologisch-funktionelle Parameter der Transporterproteine verändert, zum anderen anatomisch-strukturelle Veränderungen induziert (Horschitz et al., 2001, Schloss & Henn, 2004).

1.4.2. Noradrenerges System

Im ZNS werden insbesondere im Hirnstamm noradrenerge Neurone in hoher Dichte exprimiert. Von hieraus innervieren die Nervenendigungen nahezu das gesamte ZNS. Noradrenerge Neurone bilden kleine Anhäufungen im Pons (Locus Coeruleus) und der Medulla oblongata (Formatio reticularis). Vom Locus coeruleus und anderen vereinzelten noradrenergen Neuronen, die in dessen Nähe liegen, ziehen Axone aufwärts in die Großhirnrinde, ins limbische System, in den Hypothalamus und ins Kleinhirn. Nach kaudal ziehen Axone von der Formatio reticularis zu den Hinterhörnern des Rückenmarks und zum Tractus solitarius (Julien 1997; Rang et al., 1999). Noradrenalin (NA) spielt als Neurotransmitter eine globale Rolle im ZNS, insbesondere bei der zentralen Steuerung des endokrinen Systems und des autonomen Nervensystems. Des Weiteren für die Gemütsverfassung, mit Einfluss auf das Schlaf-Wachverhalten, die gerichtete Aufmerksamkeit, Erregbarkeit und den Blutdruck. Auch im Belohnungssystem sowie der Kontrolle von Schmerzen ist es beteiligt (Julien 1997). Vor diesem Hintergrund wird deutlich, dass Störungen der Noradrenalinhomöostase weitreichende Auswirkungen auf physiologische Vorgänge und das Verhalten haben.

Die Wirkung von NA wird durch postsynaptische α1- oder β1-Rezeptoren vermittelt. Zusätzlich wirken präsynaptische α2-Autorezeptoren inhibitorisch auf die NA-Ausschüttung. Für diese Autorezeptoren konnte eine wichtige Rolle in der Vermittlung von Angstreaktionen nachgewiesen werden. So führte eine Erhöhung der noradrenergen Transmission durch den α2-Rezeptor-Antagonisten Yohimbin zur einer Verstärkung von Angstsymptomen, während der α2-Agonist Clonidin diese Symptome reduzierte (Gorman et al. 2002). In Übereinstimmung hiermit konnte eine Erhöhung der NA Ausschüttung in limbischen Regionen wie der Amygdala und dem Hippocampus, als Reaktion auf Angst und/oder andere Stressoren nachgewiesen werden (Millan 2003).

Die Biosynthese von Noradrenalin erfolgt im Zytosol der noradrenergen Neurone. Der initiale Syntheseschritt ist die Hydroxylierung von Tyrosin zu L-Dopa (L-Dihydroxyphenylalanin) durch die Tyrosinhydroxylase (TH). Die Aktivität dieses Enzyms ist zugleich der geschwindigkeitsbestimmende Syntheseschritt der Biosynthese (Dunkley et al. 2004). Anschließend wird L-Dopa von der ubiquitären, aromatischen L-Aminosäure-Decarboxylase A (DDC) zum Dopamin decarboxyliert. Das Dopamin wird von VMATs in die Speichervesikel transportiert und abschließend von der Dopamin-ß-Hydroxylase (DBH) zu Noradrenalin umgesetzt. Aus Speichervesikeln in den synaptischen Spalt freigesetztes Noradrenalin vermittelt seine Wirkung über postsynaptische, adrenerge α- und ß-Rezeptoren (Adrenozeptoren).

Die präsynaptischen, inhibitorischen Autorezeptoren α2A- und α2C-Autorezeptoren, regulieren physiologisch als sogenannte Heterorezeptoren die Exozytose von z. B. Dopamin (Bücheler et al. 2002) oder Serotonin (Scheibner et al. 2001) aus den entsprechenden Neuronen (Engelhardt et al., 2004).

Für die schnelle Rückaufnahme des Noradrenalins in die Präsynapse ist der membranständige Noradrenalintransporter (NAT) zuständig. Er transportiert das Noradrenalin aus dem synaptischen Spalt zurück ins noradrenerge Neuron. Hier wird es nur zu einem sehr geringen Teil durch die Monoaminoxidase (MAO) und die Aldehyd-Reduktase zu Dihydroxyphenylglykol (DHPG) abgebaut. In Gliazellen wird das DHPG durch die Catechol-O-Methyltransferase (COMT) zum Hauptmetaboliten Methoxyhydroxyphenylglykol (MHPG) umgesetzt (Leonard 1997; Eisenhofer 2001). Dass nur ein geringer Anteil (ca. 10 %) des Noradrenalins diesem Abbauweg unterliegt, beruht auf der im Vergleich zur MAO höheren Affinität des Noradrenalins zum vesikulären Monoamin Transporter (VMAT). Die hohe Effizienz des Noradrenalintransporters gewährleistet zudem, dass nur ein geringer Anteil des freigesetzten Noradrenalins aus dem synaptischen Spalt abdiffundiert. Diese Fraktion wird zumeist durch unspezifische organische Kationentransporter wie dem OCT3 in Gliazellen aufgenommen (Eisenhofer 2001) und überwiegend durch COMT zu Normetanephrin umgesetzt. Die Kombination aus der hohen Effizienz des Noradrenalintransporters und der vesikulären Monoamintransporter führt dazu, dass mehr als 80 % des Noradrenalins wieder den Speichervesikeln zugeführt und nur ein geringer Anteil metabolisiert wird (Eisenhofer 2001). Das Noradrenalin unterliegt somit in weiten Bereichen einem Kreislauf. Nur ein geringer Anteil entspringt aus der Neusynthese.

1.4.3. Dopaminerges System

Dopaminerge Neurone bilden unterschiedliche Teilsysteme, deren Funktionen sich grob unterscheiden lassen. Etwa 75% des Dopamin (DA) kommt im nigrostriatalen System vor. Die

Somata der Neurone liegen in der Substantia nigra pars lateralis und pars compacta sowie im Nucleus retrobulbaris. Ihre Axone projizieren in das dorsale Striatum und nehmen hier vorrangig Einfluss auf Bewegungsabläufe. In das ventrale Striatum, welches sich aus dem Tuberculum olfactorium und dem Nucleus accumbens zusammensetzt, ziehen die Axone des mesolimbischen Systems. Die Zellkörper dieser Neurone liegen in der Area tegmentalis ventralis. Die Zellköper des mesocortikalen Systems liegen ebenfalls in der Area tegmentalis ventralis und in der medialen Substantia nigra. Ihre Axone projizieren in die Amygdala, das Septum und den präfrontalen und cingulären Cortex. Im zentralen Nervensystem sind vier Hauptnervenbahnen des dopaminergen Systems bekannt. Vom ventralen Tegmentum (VTA) ziehen die mesocorticalen Bahnen zum Cortex und die mesolimbischen in das limbische System. Diese Neurone sind wichtig für die Empfindung von Lust und Freude, weshalb man sie auch als „Belohnungsbahn" bezeichnet. Aufgrund dieser Eigenschaft sind sie aber auch in das Suchtgeschehen involviert. Ein weiterer dopaminerger Nervenstrang innerviert vom Hypothalamus aus die Hypophyse und moduliert z. B. die Prolaktin-Sekretion. Eine pathophysiologisch bedeutende dopaminerge Nervenbahn reicht von der Substantia nigra zum Striatum, ihre Degeneration ist die Ursache der Parkinsonschen Krankheit (Dailly et al., 2004).

In Bezug auf Verhalten und Stimmung spielen das mesolimbische und das mesocortikale System eine wichtige Rolle. Es konnte nachgewiesen werden, dass Angst und andere Stressoren zu einer Aktivierung dieser beiden Systeme führen (Millan 2003), so können z.B. bei an Morbus Parkinson leidenden Patienten Symptome einer Angsterkrankung auftreten (Shiba et al., 2000).

Dopamin geht aus dem gleichen Syntheseweg wie Noradrenalin hervor und ist ein Zwischenprodukt der Noradrenalinsynthese (vgl. noradrenerges System). In den dopaminergen Neuronen erfolgt jedoch keine terminale Umsetzung des Dopamins zu Noradrenalin, da keine Dopamin-ß-Hydroxylase exprimiert wird (Weinshenker & Szot 2002).

Nach Freisetzung des Dopamins in den synaptischen Spalt werden Dopaminrezeptoren der D1- und der D2-Subfamilie erregt. Zur D1-Familie, die an G-Proteine vom Gs-Typ koppeln, gehören die postsynaptischen, D1 und D5-Rezeptoren. Die D2,3,4-Rezeptoren der D2-Familie nutzen zur Signaltransduktion Gi-Proteine und werden nicht nur postsynaptisch sondern auch präsynaptisch exprimiert. An der Präsynapse agieren sie als inhibitorische Autorezeptoren. Die D1- und D2-Rezeptoren sind die Dopaminrezeptoren mit der höchsten Dichte im ZNS. Die Subtypen D3,4,5 kommen nur in sehr geringer Dichte und regional begrenzt vor (Dailly et al. 2004). Die Rückaufnahme des freigesetzten Dopamins erfolgt durch den Dopamintransporter (DAT), der, wie der Noradrenalintransporter (NAT) und der Serotonintransporter (SERT), zur Familie der Na+- und Cl-- abhängigen Neurotransmittertransporter gehört (Schloss et al., 1994; Masson et al., 1999).

Neben dem Noradrenalintransporter wurde auch der Dopamintransporter als Zielstruktur für Psychostimulantien wie Cocain (Ritz et al., 1987) und Amphetaminen (Jones et al., 1998) erkannt. Beide Substanzen haben in Mäusen mit genetischer Deletion des Dopamintransporters keinen weiteren Effekt auf die Dopaminfreisetzung und die Bewegungsaktivität (Giros et al., 1996). Grund hierfür ist, dass das freie Dopamin auch durch den Noradrenalintransporter (NAT) wiederaufgenommen, durch VMAT in Vesikeln verpackt und bis zur erneuten Freisetzung gespeichert wird. Der Anteil des nicht den Speichervesikeln zugeführten Dopamins wird von der MAO und der Aldehyd- Dehydrogenase zu 3,4-Dihydroxyphenylessigsäure (DOPAC) abgebaut und nachträglich extraneuronal in Gliazellen durch die COMT zu Homovanillinsäure metabolisiert. Extraneuronal in Gliazellen aufgenommenes Dopamin wird hingegen in erster Linie von der Catechol-O-Methyltransferase zu 3-Methoxytyramin verstoffwechselt.

1.5. Die Gliazellen des zentralen Nervensystems

Im Zentralnervensystem (ZNS) finden sich hauptsächlich zwei Zelltypen: Neurone und Gliazellen. Das Verhältnis von Gliazellen zu Neuronen beim Menschen liegt bei etwa 9:1. Gliazellen stellen nicht nur passive Strukturelemente dar, sondern haben eine aktive Rolle in der Entwicklung und Regeneration des ZNS sowie bei der Regulation und Modulation der synaptischen Aktivität (Kettenmann & Ransom 2004; Booth et al., 2000, Araque et al., 2001, Haydon 2001, Doetsch 2003, Allen & Barres 2005).
Im ZNS unterscheidet man zwei Hauptgruppen von Gliazellen, die Mikroglia und die Makroglia. Die Mikrogliazellen (Hortega-Zellen oder Mesoglia) sind, soweit bekannt, mesodermalen Ursprungs und übernehmen im ZNS die Funktion von Makrophagen des peripheren Nervensystems. Mikrogliazellen durchwandern kontinuierlich das ZNS als einzelne, ungekoppelte Zellen. Treffen sie auf Zelltrümmer, sterbende Zellen, Viren oder Bakterien, werden sie aktiviert, proliferieren und erfüllen ihre phagozytierende Funktion (Gehrmann et al., 1995; Aloisi 2001).
Zu der Makroglia zählen die Ependymzellen, Radialglia, Oligodendrozyten und Astrozyten. Ependymzellen grenzen die flüssigkeitsgefüllten Hohlräume des ZNS (Ventrikel und Zentralkanal) in einer einzelligen Schicht vom umliegenden Gewebe ab. So trennen sie die in Kammern verteilte Hirnflüssigkeit vom Gewebe. Die Radialglia tritt vorübergehend in den meisten Hirnregionen während der Neurogenese auf. In Geweben mit geschichteter Architektur, wie z.B. dem Kortex, dienen sie als Leitstruktur für die neuronale Migration. Man geht davon aus, dass die Zellen während der Entwicklung verschwinden oder zu Astrozyten differenzieren (Schmechel & Rakic,

1979; Voigt, 1989). Im adulten ZNS findet man Radialglia in der Retina in Form von Müllerzellen, im Kleinhirn in Form der Bergmannglia und im Hippocampus (Eckenhoff & Rakic 1984; Rickmann et al., 1987; Kettenmann & Ransom 2004). Neuere Studien postulieren, dass Radialglia im adulten Gewebe möglicherweise als neuronale Stammzellen fungieren und zur Bildung von Neuronen beitragen (Fricker-Gates 2006; Bonfanti & Peretto 2007; Pinto & Gotz 2007).

Die aus dem Ektoderm abgeleiteten Oligodendrozyten umwickeln mit ihren membranösen Ausläufern die Axone der Neurone und bilden die multilamelöse Myelinschicht (Baumann & Pham-Dinh 2001), die als Isolator die schnelle saltatorische Erregungsleitung ermöglicht. Daneben existieren in der grauen Substanz perineurale Oligodendrozyten (Satellitenoligodendrozyten). Diese sind an der Regulation der direkten Umgebung von Neuronen beteiligt (Penfield 1932; Ludwin 1984 & 1997).

Astrozyten stellen eine sehr heterogene Gruppe dar und können nach verschiedenen Kriterien klassifiziert werden. Durch Santiago Ramón y Cajal (1906) wurden zunächst zwei Gruppen unterschieden: protoplasmatische und fibröse Astrozyten. Erstere produzieren eine geringe Menge des Intermediärfilamentproteins GFAP (*glial fibrillary acidic protein*) und befinden sich vornehmlich in der grauen Substanz. Sie haben viele verzweigte Ausläufer mit denen sie Synapsen umschließen. Fibröse Astrozyten sind reich an GFAP und finden sich hauptsächlich in der weißen Substanz. Sie haben dünne, wenig verzweigte oder unverzweigte Ausläufer, die an den Ranvier'schen Schnürringen enden (Peters 1976; Zenker & Drenckhahn 1994). Diese morphologischen Ausprägungsformen lassen sich nicht exakt trennen (Bachoo et al., 2004).

1.6. Kommunikation zwischen Neuronen und Gliazellen

Die Synapse ist der zentrale Kommunikationsort im Nervensystem und setzt sich aus drei Teilen zusammen: Der präsynaptischen Endigung und der postsynaptischen Spezialisierung der Neuronen, sowie den umhüllenden Astrozytenfortsätzen (*Tripartite*-Synapse) einem Teil der Neuroglia (Araque et al., 1999). Das menschliche Nervensystem enthält ca. 10^{11} Neurone, die wiederum über 10^{14} bis 10^{15} Synapsen miteinander kommunizieren (Kandel et al., 2000). Die Interaktion von Neuronen und Astrozyten spielt eine wichtige Rolle in vielen physiologischen, pathophysiologischen und regenerativen Prozessen des Gehirns, da Astrozyten essentielle Aufgaben im Gehirn übernehmen. Astrozyten dienen nicht nur als Leitstrukturen für wandernde Neurone während der Embryonalentwicklung, sondern sind auch Vorläufer für corticale Projektionsneurone (Malatesta et al., 2003).

Astrogliale Fortsätze umhüllen Synapsen (Hirrlinger et al., 2004) und kontrollieren die extrazellulären und extrasynaptischen Konzentrationen an Neurotransmittern durch verschiedene Transportersysteme (Bergles et al., 1999). Astrozyten sezernieren zum Beispiel auch an Apolipoprotein gebundenes Cholesterol, das die präsynaptische Funktion und die Ausschüttung von Transmittern (Mauch et al., 2001), sowie das Dendritenwachstum fördert (Goritz et al., 2002). Gliazellen spielen eine wichtige Rolle bei den Interaktionen, bei neuronaler Aktivität, Wachstum und axonalem Wachstum.

Astrozyten spielen auch bei der Synaptogenese eine wichtige Rolle. Sie bieten den Neuronen nicht nur eine trophische Unterstützung, sondern modulieren zudem das Axon-Wachstum, entfernen überflüssige Axon-Projektionen und unterstützen damit die Ausformung des neuronalen Netzwerkes. Sie formen dendritische Dornen und sezernieren Faktoren, die die Bildung und funktionelle Reifung von Synapsen fördern (Freeman 2006).

Des Weitern werden sie mit Erkrankungen des ZNS in Verbindung gebracht. So wird eine Beeinträchtigung der Neuron-Astrozyt Interaktion bei Epilepsie (Kang et al., 2005; Tian et al., 2005) und Schizophrenie vermutet (Tsai et al., 1998; Hashimoto et al., 2005). Eine veränderte Neuron-Glia Kommunikation wird ebenfalls bei neurodegenerativen Erkrankungen wie z.B. Alzheimer, Parkinson und der Huntington Erkrankung angenommen (Leigh & Swash 1991; Schipper 1996; Meda et al., 2001; Cotrina & Nedergaard 2002; Minagar et al., 2002, Sofroniew 2005; Maragakis & Rothstein 2006).

Oligodendrozyten spielen eine entscheidende Rolle bei der Multiplen Sklerose (MS), auslösende Faktoren hierfür können pathogene Umweltfaktoren wie Viren (Steinman 2001) und erbliche Faktoren sein (Oksenberg et al. 2001). Die bei der MS ausgelöste Aktivierung der Immunantwort gegen die Fremdorganismen führt gleichzeitig zu einer Attacke gegen die körpereigenen myelinscheidenbildenden Oligodendrozyten (Autoimmunkrankheit) (Steinman 2001). Die Myelinscheide der Oligodendrozyten wird angegriffen, die Zellen sterben durch den so ausgelösten Entzündungsprozeß ab (Minagar et al. 2004; Steinman 2001). Die zerstörten Oligodendrozyten werden von Blutmakrophagen und Mikroglia „entsorgt", Astrozyten nehmen ihren Platz ein und bilden die sogenannte Glianarbe, welche allerdings nicht die isolierenden Eigenschaften der Oligodendrozyten besitzen. In einigen Fällen kann sich das entzündete Gewebe durch das Einwandern von sogenannten Oligodendrozytenvorläuferzellen (OPC) regenerieren (Blakemore & Keirstead 1998), dieser Vorgang wird als Remyelinisierung bezeichnet (Bunge et al. 1961).

Es existiert also eine komplexe funktionelle Interaktion zwischen Astrozyten und Neuronen. Sie teilen sich Elemente der extrazellulären Matrix, die sowohl von Nervenzellen als auch Astrocyten erzeugt wird (Fridman et al., 1985; Maleski & Hockfield 1997; Webb et al., 2001).

1.7. Mechanismen der Zell-Zell und Zell-Matrix-Interaktionen

Die Funktion des Nervensystems basiert auf einem komplexen Zusammenspiel verschiedenster Moleküle und Mechanismen. Zell-Zell und Zell-Matrix-Interaktionen spielen hierbei eine essentielle Rolle und werden durch spezielle Zelladhäsionsmoleküle (cell adhesion molecules, CAMs) und Komponenten der extrazellulären Matrix (EZM) vermittelt (Alberts et al., 1994; Fields & Itoh 1996; Walsh & Doherty 1996; Schachner 1997; Benson et al., 2000). Untersuchungen der frühen Phasen der ZNS-Entwicklung, zur Entschlüsselung molekularer Mechanismen der Axonnavigation und der axonalen Wegfindung, führte zur Identifizierung mehrerer Zelladhäsionsmolekülklassen und löslicher Proteine (Chiba & Keshishian 1996; Goodman 1996; Volkmer et al., 1996; Volkmer et al., 1998; Pruss et al., 2004). Diese CAMs und die EZM regulieren zelluläre Migrationsprozesse, sowie Wachstum und Richtungsweisung von Axonen und spielen auch bei Regenerationsprozessen im adulten Nervensystem eine wichtige Rolle (Schachner 1994; Walsh & Doherty 1996). Sie gelten hierbei als regulierende Schlüsselkomponenten in der Entstehung und Stabilisierung von Synapsen. Sie vermitteln Zell-Zell- bzw. Zell-Matrix-Kontakte in multizellulären Organismen und Geweben. Es handelt sich meist um transmembrane Glykoproteine, deren extrazelluläre Domäne Interaktionen mit Molekülen benachbarter Zellmembranen vermittelt (Alberts et al., 1994). Des Weiteren sind sie maßgeblich an frühen Prozessen der Synaptogenese beteiligt. So tragen diese zur Bildung korrekt zusammengesetzter Synapsen bei, indem sie einen ersten Kontakt zwischen kompatiblen prä- und postsynaptischen Komponenten herstellen (Goda & Davis 2003; Gerrow & El-Husseini 2006).

1.8. Die extrazelluläre Matrix (EZM)

Die extrazelluläre Matrix ist ein komplexes Netzwerk aus verschiedenen Molekülen, das den Raum zwischen Zellen ausfüllt. Die wichtigsten Bestandteile sind Glykosaminoglykane, die entweder an Proteine gebunden als Proteoglykane vorliegen oder ungebunden, wie z.B. Hyaluronan. Außerdem bestehen sie aus fibrillären oder faserförmigen Proteinen (Kollagene und Elastine), so wie adhäsiven Glykoproteinen (Laminin, Fibronektin und Tenascine) und zusätzlich verschiedenen Wachstumsfaktoren (vergleiche Abbildung 3). Die faserförmigen Proteine werden nochmals funktionell unterteilt in strukturgebende Proteine und adhäsive Matrixmoleküle (Alberts et al., 1994). Die EZM verleiht Geweben Stabilität und Form, dient aber auch als eine Art Informationseinheit, die extrazelluläre Signale mittels spezifischer Zelloberflächenrezeptoren weiterleitet und verarbeitet. Diese Interaktion zwischen EZM-Molekülen untereinander und verschiedenen Zelloberflächenrezeptoren führt zu einem koordinierten Zusammenspiel verschiedener Zellfunktionen wie Proliferation, Migration und Differenzierung. Im Nervensystem reguliert die EZM außerdem die Wegfindung der Axone, die Bildung neuer Synapsen sowie die synaptische Plastizität. Die EZM des ZNS ist im Vergleich zur EZM anderer Organe einzigartig, da sie nur wenig fibrilläre Proteine, dafür aber große Mengen an Glykosaminoglykanen enthält. Eine besonders spezialisierte Form der EZM des ZNS sind die perineuronalen Netze (PNN), die man in vielen Regionen des zentralen Nervensystems findet, wie z.b. im Cortex, Hippokampus, Thalamus, Cerebellum, Hirnstamm und im Rückenmark. Die Hauptkomponenten der PNNs sind Chondroitinsulfat-Proteoglykane, wie die Mitglieder der Lectican-Familie (Brevican, Neurocan, Aggrecan, Versican), Phosphacan und NG2, Linker- Proteine und Hyaluronan. Es wird angenommen, dass PNNs an der Aufrechterhaltung der Gewebestruktur (Margolis et al., 1993) und der Stabilisierung der Synapsen (Kalb & Hockfield 1988) beteiligt sind, indem sie ungewollte Plastizität verhindern (Corvetti & Rossi 2005). Außerdem gibt es Hinweise, dass diese spezialisierte Form der EZM bei der Aufrechterhaltung des Ionengleichgewichts um die Neuronen herum eine Rolle spielt (Brückner et al., 1993 & 1996; Härtig et al., 1999).

Umbauvorgänge der Matrix werden unter anderem über den Umfang der zellulären Matrixsynthese und über den enzymatischen Abbau von EZM-Molekülen reguliert. Daran maßgeblich beteiligt sind zwei Klassen von extrazellulären Proteasen. Eine Klasse besteht aus Serin-Proteasen wie dem „urokinase-type plasminogen activator" (u-PA), die über die Aktivierung des Serumproteins Plasminogen zu Plasmin bewirken, dass vorwiegend Fibrin, aber auch EZM-Komponenten wie Fibronektin und Laminin gespalten werden (Alberts et al., 1994; Romanic & Madri 1994). Die andere Klasse, die so genannten Matrixmetalloproteinasen (MMPs), werden durch eine zinkhaltige katalytische Domäne charakterisiert und sind aufgrund ihrer Substratspezifität nochmals in die Untergruppen der Kollagenasen, Gelatinasen und Stromelysin aufgeteilt (Romanic & Madri 1994; Woessner & Nagase 2000). In neueren Untersuchungen wurde gezeigt, dass den MMPs und ihren Inhibitoren („tissue inhibitors of metalloproteinases", TIMPs) auch eine wichtige Rolle im Verlauf von demyelinisierenden Erkrankungen, wie z.B. der Multiplen Sklerose, spielen (Cuzner & Opdenakker 1999; Miao et al., 2003; Gröeters et al., 2005; Ulrich et al., 2006).

Abbildung 3: Die extrazelluläre Matrix

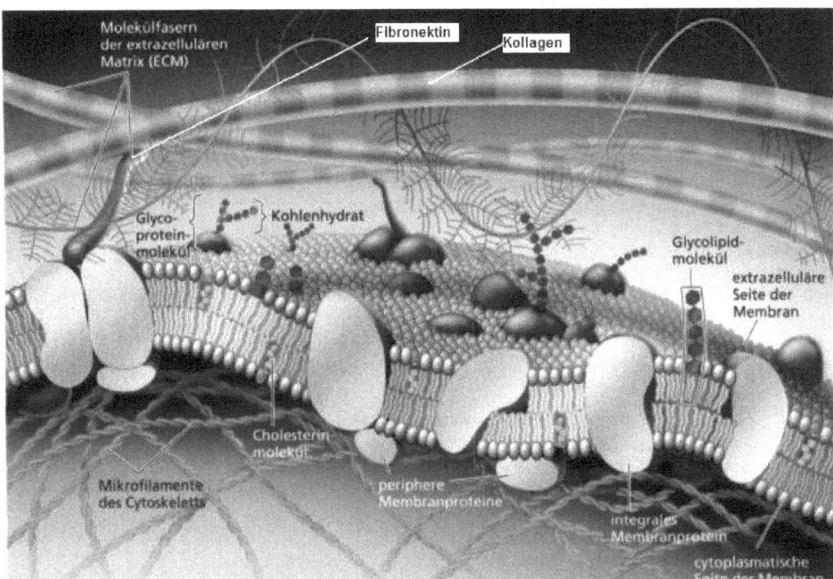

Schematische Darstellung der Plasmamembran, mit peripheren und integralen Proteinen. Im Extrazellulärraum ist die Struktur der EZM mit ihren Bestandteilen u. a. Fibronektin, Kollagen und Elastin, sowie Glykosaminoglykane und Proteoglykane (Molekülfasern der extrazellulären Matrix) skizziert (modifiziert aus: Neil. A. Campbell „Biologie", Pearson Schule, 2008).

1.9. Die Funktion der extrazellulären Matrix im Nervensystem

Die extrazelluläre Matrix des zentralen Nervensystems unterscheidet sich in mehrfacher Hinsicht von der anderer Organe. Während Kollagene, Fibronektin und Laminin in den meisten Geweben die Hauptmasse der Extrazellularsubstanz ausmachen, finden sich diese Moleküle in Gehirn und Rückenmark nur in relativ geringem Ausmaß. Allerdings sind sie im ZNS in Form von Basalmembranen maßgeblicher Bestandteil der so genannten Blut-Hirn-Schranke, deren Integrität für die Aufrechterhaltung der Organ-Homöostase ausschlaggebend ist. Die Funktionen der EZM gliedern sich grob in drei Bereiche. Der erste Aspekt ist mechanischer Natur und beinhaltet statische Stützfunktionen sowie eine Filter- bzw. Diffusionsbarrierenfunktion. Ein weiterer Aspekt ist die Beeinflussung von Zellfunktionen und Eigenschaften wie Proliferation, Migration, Adhäsion,

Polarität, sowie des Phänotyps. Zusätzlich erfüllt die EZM eine Speicherfunktion für Zytokine und Wachstumsfaktoren (Ortega et al., 2002; Comoglio & Trusolino 2005). Ausschließlich im ZNS kommen weitere EZM- Moleküle, wie z. B. Brevican, Neurocan, Phosphacan und Tenascin-R vor (Bandtlow & Zimmermann 2000; Novak & Kaye 2000). Für viele Matrixmoleküle des ZNS ist beschrieben, dass sie während der prä- und postnatalen Phase in einem fein regulierten, zeitlich-räumlichen Muster exprimiert und sezerniert werden, woraus sich ihre große Bedeutung unter anderem für die Gehirnentwicklung ableiten lässt (Bartsch et al., 1992; Meyer-Puttlitz et al., 1995; Margolis et al., 1996; Niquet & Represa 1996; Kappler et al., 1998; Milev et al., 1998). Quellen für die EZM-Moleküle können generell alle neuronalen und glialen Zellen sein. Für die Produktion der faserförmigen, an Basalmembranen beteiligten Glykoproteine spielen jedoch auch Endothelzellen eine wichtige Rolle (Webersinke et al., 1992; Bandtlow & Zimmermann 2000; Sixt et al., 2001).

Die EZM-Moleküle üben eine Vielzahl von Funktionen während der Ontogenese des Gehirns aus. So dienen sie der Aufrechterhaltung der Homöostase des adulten ZNS, der Adhäsion von Zellen untereinander und an die umgebende Matrix, sie beeinflussen die Zellmigration und Differenzierung, die Steuerung der Axonsprossung sowie die Synaptogenese und vermitteln chemotaktische Effekte (Sobel 1998; Pires-Neto et al., 1999; Bandtlow & Zimmermann 2000). Vermittelt werden diese Effekte über Bindungen der EZM Moleküle an zelluläre Oberflächenrezeptoren, vorwiegend Integrine, und eine sich daran anschließende, intrazelluläre Signalkaskade (Alberts et al., 1994; Sobel 1998). Zusätzlich besitzen viele Moleküle Bindungsstellen für andere Matrixkomponenten, so dass es zur Bildung von Molekülkomplexen kommt. Daraus erklärt sich auch, dass bestimmte Moleküle in Abhängigkeit von Milieu, Rezeptortyp und Menge, sowie Art der Liganden, unterschiedliche und zum Teil sogar gegensätzliche Wirkungen entfalten können (Grumet et al., 1994; Faissner 1997; Sobel 1998; Bandtlow & Zimmermann 2000).

1.10. Aufgabenstellung und Zielsetzung der Arbeit

Serotonin (5-Hydroxytryptamin, 5-HT) wurde zuerst im Blutserum als Vasoconstrictor entdeckt (Rapport et al., 1948). Serotonin wird in den enterochromaffinen Zellen des Gastrointestinaltrakts synthetisiert und hier von Thrombozyten aufgenommen. Der Kontakt von Thrombozyten mit verletztem Gewebe führt zur Freisetzung von 5-HT gefolgt von Adhäsion und Aggregation der Thrombozyten (McNicol & Israels 2003). Hierfür ist eine spezielle Subpopulation von Thrombozyten, die sogenannten "coated-platelets" verantwortlich. Diese besitzen auf ihrer Zelloberfläche eine große Anzahl von prokoagulierenden Proteinen, wie z.b. Fibrinogen, den von Willebrand Faktor, Faktor V und Thrombospondin (Szasz & Dale 2003; Dale 2005). Dieser Prozess erfordert die Transglutaminase-mediierte Inkorporation von 5-HT an spezifische Donatorproteine. Diese führt zu Interaktionen von 5-HT konjungierten Proteinen, mit spezifischen 5-HT Bindungsstellen auf Fibronektin und Thrombospondin, gefolgt von der Thrombus-Bildung (Dale et al., 2002; Szasz & Dale 2002). Des Weiteren konnte in diesem Zusammenhang gezeigt werden, das in Thrombozyten, 5-HT an kleine GTPasen transamidiert wird und dass dieser Rezeptor unabhängige Signalweg an der Freisetzung von 5-HT beteiligt ist. Auch dieser Prozess ist TGase-mediiert und wurde daher, durch Walther *et al.* 2003, als „Serotonylierung" bezeichnet. Erst kürzlich konnte auch die Serotonylierung von vaskulären Proteinen beschrieben werden (Watts et al., 2009).

Im ZNS ist 5-HT beteiligt an der Steuerung von Stimmungen, Emotionen, Schlaf und Appetit, so wie an der Kontrolle des Verhaltens und an weiteren physiologischen Funktionen. Im Vergleich zu anderen Neurotransmittersystemen, ist das 5-HT System am komplexesten und am expansivsten aufgebaut. Wobei nur etwa 288.000 Zellkörper vorliegen, lokalisiert in der Raphé nuclei und von hieraus das gesamte Gehirn innervieren (Törk 1990). Serotonerge Neurone vermitteln Effekte sowohl an den Synapsen, als auch parakrin über extrasynaptisch axonale und somatodendritische Freisetzung (Vizi 2000; Vizi et al., 2004; De-Miguel & Trueta 2005). Die Effizienz der serotonergen Signalübertragung, d.h. der Konzentration von extrazellulärem 5-HT, wird direkt kontrolliert über die Wiederaufnahme in die serotonergen Zellen durch den hochselektiven Serotonintransporter (SERT) (Blakely et al., 1991; Schloss & Williams 1998). 5-HT hat neben seiner Funktion als Neurotransmitter auch eine entscheidende Rolle bei der neuronalen Plastizität inklusive der Zellmigration und Zell-Zell-Kontaktformation.

In Anbetracht der nicht synaptischen Freisetzung von 5-HT im Gehirn und der Funktion von 5-HT bei der Thrombusbildung, liegt die Hypothese nahe, dass im ZNS, vermittelt durch TGase, extrazelluläres 5-HT an neuronale und gliale Zelloberflächenproteine und/oder an Proteine der Extrazellulären Matrix, transamidiert wird.

Ziel der hier vorliegenden Arbeit war es, zu überprüfen, ob die Befunde aus dem Blut auf die Funktion von 5-HT im Gehirn und somit der Mechanismus der Serotonylierung durch Transglutaminase auf neuronale Proteine zu übertragen ist. Die Bedeutung von 5-HT in der Blutgerinnungskaskade, die Interaktion von serotonylierten Proteinen mit 5-HT Bindungsstellen auf weiteren Proteinen und die hieraus resultierenden, proteinartigen Netzwerke könnten auch im ZNS eine wichtige, noch nicht bekannte Funktion erfüllen. Im Detail bedeutete dieses zu klären, ob 5-HT auch im ZNS nicht nur als Neurotransmitter fungiert, sondern vielmehr TGase-mediiert an extrazelluläre Proteine inkorporiert, als „cross-linker" oder sogar wie ein „neuronaler Kleber", zwischen Neuronen- und Glia an der Zell-Zell- und Zell-Matrix-Formation, deren Interaktionen und somit über die Synaptogenese und Stabilisierung bestehender Synapsen hinaus, auch eine Rolle für die neuronale Plastizität, das Lernen und die Erinnerung spielt.

Aus dieser Fragestellung und den sukzessive erhaltenden Ergebnissen, ergab sich die folgende Zielsetzung:

- a) Analyse von Gehirngewebe auf endogene TGase und die Transamidierung von 5-HT.
- b) Ermittlung der Parameter für die Transamidierung von 5-HT an Substrate mediiert durch recombinante Transglutaminase 2.
- c) Untersuchung der Serotonylierung extrazellulärer Proteine, ihrer Bedeutung und Funktion.
- d) Visualisierung der Transamidierung und Identifikation von spezifischen Proteinen für die Serotonylierung.
- e) Pharmakologische Charakterisierung der Serotonylierung von spezifischen Substratproteinen.
- f) Charakterisierung weiterer Monoamine als Substrate für die Transamidierung an Proteine und somit die Klärung, ob es sich bei der Transamidierung durch TGase2 um einen ubiquitären Mechanismus der „Monoaminylierung" handelt.

2. Materialien

2.1 Zellen

Der *E.coli* Stamm **XLBlue-1** wurde von der Firma STRATAGEN (USA) bezogen.

2.2 Mammalia Zelliinie

Die C6-Ratten-Glioma-Zelllinie (ACC 550) wurde von der Deutschen Sammlung von Mikroorganismen und Zellkulturen GmbH (DSMZ) bezogen.

2.3. Plasmid

Das Plasmid pQE32-TGase2 wurden von Dr. Steve Gillet Département de Chimie, Université de Montréal, Canada zur Verfügung gestellt.

2.4. Zellkulturmedien

Als Zellkulturmedium für C6-Zellen diente DMEM/F12 (Dulbecco´s Modified Eagle´s Medium: Nutrient Mixture F-12) mit Glutamax unter Zugabe von 15% HS (horse serum), 2,5 % FBS (fötalem Kälberserum), 2mM Glutamin und 1% P/S (Penicillin 100 U/ml und Streptomycin 100 µg/ml).

2.5. Chemikalien und weitere Materialien

All-trans-Retinolsäure	Sigma
Ampicillin	Sigma
Aqua Safe 300 Plus	Zinsser Analytic
Betain	Sigma

Bromphenolblau	Sigma
BSA (bovine serum albumin)	Sigma
β-Mercaptoethanol	Sigma
CBZ-Gln-Gly (Z-Gln-Gly)	Sigma
Cystamin dihydrochlorid	Fluka
Fluorescent Mounting Medium	Dako
Disposable Columns	QIAGEN
DMEM	Gibco
DMSO	Sigma
DNA 1kb Standard	PEQLAB
[^{3}H]-Dopamin	NEN
Dopamin	Sigma
D-Sorbitol	Sigma
Econo-Pac 10 DG	Bio-Rad
EDTA	Roth
Eisen (III)-chlorid	Sigma
Ethidiumbromid	Sigma
Foetal bovine serum	Sigma
Folin-Ciocalteu´s phenol	Sigma
Humanes Plasma Fibronectin	Chemicon
Hydroxylamin	Aldrich
[^{3}H]-5-Hydroxytryptamine	NEN
5-Hydroxytryptamine	Sigma
Hyperfilm ECL	Amersham
5,7-Dihydroxytryptamine	Sigma
Imidazol	Sigma
Isopropyl-β-D-thiogalactopyranosid (IPTG)	Sigma
Luminol	Fluka
Lysozym	Fluka
Monodansylcadaverin	Fluka
MOPS	Sigma
Ni- NTA Agarose	QIAGEN
Para-Hydroxycoumarinsäure	Sigma
PIC (Proteinase Inhibitor Cocktail)	Sigma

PMSF	Sigma
Ponceau S Solution	Sigma
Protogel (Rotiphorese)	Roth
Sorbitol	Sigma
TEMED	Sigma
Triton X-100	J.T. Baker
Trypsin	Gibco
Trypanblau	Sigma
QIAprep Spin Kit	Qiagen
SDS	Roth
See Blue 2 Pre-Stained Standard	Invitrogen
Tris	Roth
Whatman glass fibre filter paper (GF/B)	Whatman

Alle weiteren Standardchemikalien und analytischen Substanzen wurden von Sigma-Aldrich, dem Theoretikum Heidelberg oder Fluka bezogen.

2.6. Geräte

Agarose Gelkammer	BIO RAD
Apollo Flüssigstickstofftank	Messer Griesheim
Axioskope 2 plus microscope	Zeiss
Cell Harvester	Dunn
Cell Plotter	B.Braun
Corning Glasröhrchen	Corning
Geldokumentationsapparatur	BIO RAD
Einfrier-/ Cryobox	Nalgene
Einwegfilter, steril 0,2µm, 0,45µm	Schleicher&Schüll
F-View II digital Kamera	Olympus
Liquid Scintillations analyser/ ß-Counter	Canberra-Packard
Mikroskop Axioskope2	Zeiss Mikroskopie
Neubauer Zählkammer	Brand
Photometer Ultraspec 2000	Pharmacia Biotech

Plotter-Elvejheim Glasshomogenisator	B.Braun
Power-wave Spektrometer	MWG Biotech
Powersupply	Bio Rad
Röntgenfilmentwickler CP 1000	AGFA
Sonicator	B. Braun
Szintillationsröhrchen	Zinsser
Thermomixer	Eppendorf
UV-Tisch	AGS
Vakuumpumpen	KNFNeuberger
Zellkulturgeräte (Flow, Inkubator und Wasserbad)	Heareus
Zentrifugen	Beckmann

2.7. Laborkunststoffwaren

Sämtliche Kunststoffwaren für Zellkultur, Molekularbiologie und pharmakologische Experimente wurden über das Theoretikum Heidelberg, so wie die Firmen Becton Dickinson (Falcon), Gibco, Nunc, Greiner und Sarstedt bezogen.

2.8. Puffer und Lösungen

Aceton reinst (Theoretikum Heidelberg)

Blockinglösung (ICC):	0,2% (w/v) Gelatine (Sigma)
	10% (v/v) Pferdeserum
	In 1x PBS
Coomassie-Färbung:	
Färbelösung :	0,25 % (w/v) Coomassie Brilliant Blue R-250 in
	45 % (v/v) Ethanol
	45 % (v/v) VE-Wasser
	10 % (v/v) Eisessig
Entfärbelösung:	30 % (v/v) Ethanol
	60 % (v/v) VE-Wasser
	10 % (v/v) Eisessig

Einfriermedium für Zellen:	65% (v/v) DMEM, 25% (v/v) FBS,
	10% (v/v) DMSO

Elektrophorese Blocking / Antikörperlösung:

Blockinglösung:	5% (w/v) Milchpulver (Roth) in 1x TWB
Antikörperlösung:	2,5% (w/v) Milchpulver (Roth) in 1x TWB

Elektrophorese Laufpuffer:

29 g Glycerin

5 g TRIS

20 mL 10% (w/v) SDS [Natriumdodecylsulfat]

in 980 mL H_2O

Elektrophorese Transferpuffer:

14,4 g Glycerin

3,03 g TRIS

0,375 g SDS

20% (v/v) Methanol

in 800 mL H_2O

Elektrophorese Chemoluminiszenz Lösung:

Lösung A:	200 mL 0,1 M TRIS / HCl, pH 8,6
	50 mg (w/v) Luminol (Sigma)
LösungB:	11 mg (w/v) para-Hydroxycoumarinsäure
	10 mL DMSO [Dimethylsulfoxid]
Reaktionslösung:	8 mL Lsg. A + 0,8 mL Lsg. B
	+ 2,4 µL 35% H_2O_2 [Wasserstoffperoxid]
SDS sample buffer (NEB)	30% (w/v) Glycerol,
	0,05% Bromphenolblau,
	in H_2O_{bidest}
	+ 10% 2-Mercaptoethanol (Sigma)

Essigsäure 99% (J.T. Baker)
Ethanol 70% (Merck)
Ethanol, absolut p.a. (Merck)
Isopropanol p.a. [2-Propanol] (AppliChem)

LB-Medium	1% (w/v) Bacto Trypton, 0,5% (w/v) Hefeextrakt, 1% NaCl, pH 7,2, ad 1000 ml H_2O_{bidest}, autoklavieren
Markwell Protein-Assay-Lösungen:	
Lösung A	2% (v/v) Natriumcarbonat, 0,4% (w/v) Natriumhydroxide, 0,16% (w/v)Kaliumnatriumtartrat, 1% (w/v) SDS
Lösung B	4% (w/v) Eisen-(II)-sulphat
Lösung C	Lösung B 1mL + Lösung A 99 mL
Lösung D	50% (v/v) Folin-Ciocalteau Reagenz in H_2O_{bidest}
Mausgehirnprotein Extraktionspuffer:	
	5 mM (w/v) HEPES [4-(2Hydoxyethyl)-piperazin-1-ethansulfonsäure]
	320 mM (w/v)Sucrose [Saccharose]
	1 mM (w/v) PMSF [Phenylmethansulfonylfluorid]
	50µL /1g PIC (Proteinase Inhibitor Cocktail)
	+ 5% (v/v) 98% Glycerin, pH 7,4
Methanol 99% (Merck)	
SDS-Lösung:	10% (w/v) Natriumdodecylsulfat in H_2O
Transamidierungspuffer (10x):	250 mM (w/v)TRIS, [Tris(hydroxymethyl)-aminomethan]
	82,5 mM (w/v) $CaCl_2$
	12,5 mM (w7v) EDTA
	pH 7,5
Transglutaminaseaktivitätstest:	
Aktivitätsreagenzien:	0,2 M Carbobenzoxy-L-glutaminylglycin (CBZ-Gln-Gly)
	1 M (w/v)Tris, [Tris(hydroxymethyl)-aminomethan]
	0,1 M (w/v) $CaCl_2$
	2 M Hydroxylamin hydrochlorid in H_2O,
	0,02 M (w/v) EDTA, ad 1mL mit H_2O, pH 6,0 (5 M NaOH)

Stopp Reagenzien:	5% (w/v) Eisen(III)-chlorid in 0,1 M HCl
	15% (w/v) Trichloressigsäure in 2,5 M HCl
Transglutaminase Aufreinigung:	
Aufreinigungspuffer (Stock):	50 mM (w/v) Natriumdihydrogenphosphat
	300 mM (w/v) Natriumchlorid
	pH 8,0 NaOH
Lysispuffer:	+ 10 mM Imidazol
Waschpuffer:	+ 20 mM Imidazol
Elutionspuffer:	+ 250 mM Imidazol pH 7,5
Entsalzungspuffer:	10 mM MOPS pH 7,0
	[3-(N-Morpholino)-propanesulfonic acid]
PBS (10X)	85 mM Na_2HPO_4, 15 mM K_2HPO_4 pH 7,4
PBS / 5% Glycerol	1 X PBS, 5% (v/v) Glycerol
	1,37 M NaCl, 30 mM KCl, autoklavieren
TBS (1X)	50 mM TRIS [Tris-(hydroxymethyl)-
	aminomethan,
	120 mM NaCl, pH 8,0
TRIS-Puffer für Elektrophorese:	
Sammelgel:	1 M TRIS / HCl, pH 6,8
Trenngel:	1,5 M TRIS / HCl, pH 8,7
Trypanblau 0,5 %	0,9g (w/v) NaCl, 0,5g (w/v) Trypanblaufarbstoff
	ad 100mL H_2Obidest, steril filtrieren
	(0,45µm Filter)
Trypsin (Gibco)	0,5 mg/ml porcine Trypsin in 15 mM NaCl,
	0,5 mM EDTA
TWB (1X)	1x TBS + 0,5 % (v/v) TWEEN 20 (Sigma)

3. Methoden

3.1 Molekularbiologische Methoden

Die für diese Arbeit notwendigen molekularbiologische Methoden, die zum Ziel hatten, aktive recombinante Transglutaminase 2 (TGase2) zu isolieren und aufzureinigen, wurden von Frau Tina Buch im Rahmen ihrer Praxissemesterarbeit für die FH-Mannheim, Fachbereich Biotechnologie, im Biochemischen Labor des ZI durchgeführt.

Im Detail waren dieses die elektrophoretische Auftrennung der Nukleinsäuren in Agarosegelen, allgemeine Klonierungsschritte, DNA-Verdau mit Restriktionsendonukleasen, Ligationen und Plasmidisolation modifiziert nach Sambrook et al. (1989).

Das von Steve Gillet zur Verfügung gestellte Plasmid pQE32 mit der cDNA für TGase2 aus Meerschweinchenleber wurden abschließend in E.coli des Stammes XLBlue-1 transfiziert und im weiteren zur Isolation von aktiver recombinanter TGase2 verwendet.

3.2 Zellbiologische Methoden

3.2.1 Kultur eukaryontischer Zellen

C6-Glioma-Zellen wurden, wenn nicht anders vermerkt, bei 37°C, 5% CO_2 in einem feuchtigkeitsgesättigten Inkubator kultiviert. Als Zellkulturmedium diente für die C6-Zellen Glutamax-DMEM/F12, das mit 15% fötalem Kälberserum, 1,5% Pferdeserum, 2 mM Glutamin, 100 U/mL Penicillin und 100 µg/mL Streptomycin supplementiert wurde.

3.2.2 Passagieren von Zellen

Die Zellen wurden alle drei bis vier Tage bzw. nach Erreichen einer Konfluenz von 70-80% gesplittet, um ein optimales Wachstum zu garantieren. Das Medium wurde mittels einer Pumpe vorsichtig abgezogen, der Zellmonolayer wurde daraufhin mit 3 mL 1 x PBS (pH 7,0, vorgewärmt auf 37°C im Wasserbad) gewaschen, um die abgestorbenen Zellen zu entfernen. Das PBS wurde abgesaugt und 2 mL Trypsin auf die Zellen gegeben. Nach 2 – 3 min Inkubation wurde die Zellschale leicht geschwenkt und an den Rand geklopft, um die Zellen abzulösen. Danach wurde 4 mL DMEM mit einem Anteil von 10% FBS hinzu gegeben, um die Reaktion des Trypsins zu stoppen. Die Zellen wurden aufgrund vorab ermittelter standardisierter Split-Ratios passagiert und in neue 10 cm Zellkulturschalen überführt. Für die jeweiligen Experimente auf 6 cm Zellkulturschalen mit oder ohne Deckgläschen, 6- oder 24 Well-Platten wurde vorgegangen wie oben beschrieben, obligatorisch wurde hier aber die Zellkonzentration mittels Trypanblau in einer Neubauer Zählkammer bestimmt (vgl. Punkt 3.3.3) und voreingestellte Zellzahlen ausplattiert.

3.2.3 Kryokonservierung, Lagerung und Auftauen von Zellen

Hierzu wurden die Zellen, wie unter Punkt 3.2.3 beschrieben, gewaschen, trypsiniert und auf einen Zelltiter von 4×10^6 Zellen/mL in vorgekühltem Einfriermedium (65% DMEM, 25% FBS und 10 % DMSO) eingestellt. Die Zellsuspension wurde steril in 1 mL Cryotubes aliquotiert und diese in eine spezielle Einfrierbox überführt. Die Einfrierbox wurde für mindestens 24 Stunden in einen -80°C Gefrierschrank gestellt. Die Einfrierbox gewährleistet eine Abkühlungsrate von ca.1°C/min., bei der die Zellen keinen Schaden nehmen. Die Lagerung der Zellen erfolgt entweder bei -80°C für maximal 6 Monate oder in flüssigem Stickstoff über einen längeren Zeitraum. Das Auftauen und Rekultivieren der Zellen erfolgt direkt aus dem -80°C Gefrierschrank oder dem flüssigen Stickstoff. Die Cryotubes mit den Zellen wurden in einer, im Wasserbad auf 37°C vorgewärmtem, 70%igen Ethanollösung schnell aufgetaut. Die noch nicht komplett aufgetaute Zellsuspension (1 mL) wurde in ein 15 mL Falconröhrchen mit 9 mL Kulturmedium (DMEM, 10% FBS, 1% P/S) steril überführt. Das Falcon wurde anschließend bei 4°C und 1200 rpm zentrifugiert, um das für das Zellwachstum schädliche DMSO zu entfernen. Der Überstand wurde verworfen, das Pellet in 1mL Kulturmedium resuspendiert und in vorbereitete 10 cm Kulturschalen mit 11 mL Kulturmedium überführt, kurz geschwenkt und in den Inkubator gestellt.

3.2.4 Gelatine Beschichtung von 24 Well-Platten und Deckgläschen

Für die Visualisierungsversuche (TGase-mediierte Transamidierung von MDC an C6-Zellen) und die Mikroskopie auf Deckgläschen (DG) war es notwendig, diese mit Gelatine zu beschichten. Die Beschichtung fördert einerseits die schnellere Verbindung der Zellen mit dem Untergrund (Zell-Matrix-Verbindung), sowie ein allgemein schnelleres Wachstum. Andererseits verhindert es, dass die Zellen sich allzu leicht bei den Versuchen und durch die hierbei auftretenden Scherkräfte ablösen.

Für die Beschichtung (Coating) wurde Gelatine (Stock 1 g/mL in sterilem H_2O) 1:20 mit sterilem H_2O verdünnt. 300 µL/Well bzw. 10 mL/10 cm Schale (mit Deckgläschen ausgelegt) dieser Lösung wurden überführt und unter der Flow für 2 Stunden bei Raumtemperatur inkubiert. Anschließend wurde zwei Mal mit H_2O gewaschen, sowohl Platten als auch DG´s konnten sofort weiter verwendet oder für maximal eine Woche gelagert werden.

3.3 Biochemische Methoden

3.3.1 Gesamt-Maushirnprotein Präparation

Vier Monate alte weibliche Mäuse (Linie B6D2F1, eine Kreuzung zwischen Weibchen der Linie C57 BL/6 und Männchen der Linie DB A/2, Charles River WIGA GmbH, Deutschland) wurden mittels direktem Genickbruch getötet. Jedes präparierte Gehirn wurde in 5mL eiskalten Präparationspuffer (vergl. **2.9.**) überführt und mittels Ultrathorax 3x mit 20000 U/min homogenisiert. Das Homogenisat wurde mit 5% (v/v) Glycerol versetzt, anschließend in Eppendorf-Tubes zu jeweils 500 µL aliquotiert und in flüssigem Stickstoff schockgefroren. Die Proteinkonzentration wurde bestimmt und die Aliquots bis zur Weiterverwendung bei -80°C gelagert.

3.3.2 Expression und Aufreinigung der recombinanten Transglutaminase2

Für die Expression und Aufreinigung der Transglutaminase2 aus Meerschweinchenleber wurde die von Gillet et al. 2004 beschriebene Methode, unter Verwendung des chemischen Chaperons Betain, modifiziert. 50 mL LB/Ampicillin Medium wurde mit E. coli XLBlue-TGase2 angeimpft und über Nacht bei 37°C bei 140 rpm inkubiert. Das gesamte Volumen dieser Vorkultur wurde in 450 mL LB/Ampicillin Medium in Anwesenheit von 2,5 mM Betain und 1 M Sorbitol überführt und für 3 bis 4 Stunden, wie oben beschrieben, inkubiert. Während der Inkubation wurde in regelmäßigen Abständen photometrisch die Wachstumsrate der Zellen kontrolliert. Sobald die gemessene Optische Dichte (OD) den Wert von 0,6 erreicht hatte, wurde, um die Expression der TGase2 zu induzieren, 1 mM Isopropyl-β-D-thiogalactopyranosid (IPTG) zugegeben und die Zellsuspension für 20 Stunden bei 28°C mit 140 rpm inkubiert.

Zur Aufreinigung der recombinanten TGase2 wurde die gesamte Zellsuspension für 30 min bei 4°C mit 1500 g zentrifugiert, der Überstand verworfen und das Pellet in 8 mL Lysispuffer mit 10 mM Imidazol und 4 mg/mL Lysozym, resuspendiert. Nach 30 min Inkubation bei 4°C wurden die Zellen in der Suspension, mit dem Sonicator (B. Braun, Deutschland) drei mal für jeweils 30 sec bei 200 Watt auf Eis, mechanisch aufgeschlossen und für 30 min bei 4°C mit 2000g zentrifugiert. Der Überstand wurde in einer Säule (QIAGEN) mit equilibrierter (8mL Lysispuffer) Ni-NTA Agarose (QIAGEN) für 1 Stunde bei 4°C mit 100rpm, inkubiert. Die Säule wurde anschließend einmal mit Lysispuffer (10mM Imidazol, pH 8,0) und weiter zweimal mit Waschpuffer (20 mM Imidazol, pH 8,0) gewaschen. Die an der Ni-NTA Agarose gebundene recombinante TGase2 wurde mit 4ml Elutionspuffer (250 mM Imidazol, pH 7,5) abgelöst und gesammelt. Das Eluat im Anschluss mit einer Econo-Pac 10-DG Säule (BioRad, Deutschland) unter Verwendung von 10 mM MOPS-Puffer (pH 7,0) mittels viermaligem fraktioniertem Waschens der Säule, entsalzt. Jede Fraktion sowie die Waschschritte wurden durch SDS PAGE und Westernblotting (siehe 3.3.5., 3.3.7. und 3.3.8.) mit dem anti-TGase2-Antikörper (H-237, Santa Cruz, Deutschland) analysiert. Die Enzymaktivität wurde wie unter 3.3.3. und die Proteinkonzentration wie unter 3.3.4., beschrieben bestimmt. Die Aktivität lag im Durchschnitt bei 15 U/mL und die Konzentration bei ca. 1,5 mg/mL. Die entsalzte recombinante TGase2 konnte ohne größeren Aktivitätsverlust für mehrere Wochen bis Monate bei 4°C gelagert werden.

3.3.3 Bestimmung der Transglutaminase-Aktivität

Der Hydroxamattest (Grossowicz *et al.*, 1950 modifiziert durch Folk & Cole, 1966) diente zur photometrischen Quantifizierung der Transglutaminase-Aktivität. Hierbei wird durch Transglutaminase, Hydroxylamin in das synthetische Substrat Carbobenzoxy-L-glutaminylglycin (CBZ-Gln-Gly), das als Glutamin-Substrat dient, eingebaut. Die an der Glutamyl-Seitenkette des Peptidderivats gebildete Hydroxamsäure wird mit Eisen(III)-Ionen komplexiert und bei 525 nm photometrisch quantifiziert.

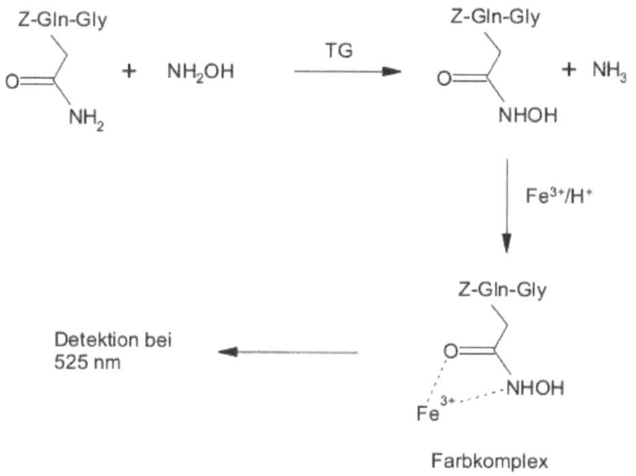

```
Z-Gln-Gly                      Z-Gln-Gly
   \                              \
    \         TG                   \
   O=    + NH₂OH    ───►          O=       + NH₃
    \                              \
    NH₂                            NHOH
```

```
                                  │ Fe³⁺/H⁺
                                  ▼
                               Z-Gln-Gly
                                  \
                                   \
   Detektion bei    ◄───            O=
   525 nm                            \
                                    NHOH
                               Fe³⁺⋯⋯
                              Farbkomplex
```

Abbildung 4: Prinzip des Hydroxamattests zur Bestimmung der Transglutaminase-Aktivität.

Die Durchführung der Analyse erfolgte nach dem Pipettierschema in Tabelle 2. Die Reaktion selber wurde in 1,5 mL Tubes durchgeführt, die Absorptionsmessung der recombinanten Transglutaminaseaktivität erfolgt in Mikrotiterplatten. Die Enzymaktivität berechnet sich entsprechend aus der Extinktionsdifferenz von Probe und Blindproben.

Inkubationsansatz	Blindprobe	Probenwert
	450 µL Aktivitätsreagenz 1	450 µL Aktivitätsreagenz 1
Vorinkubation	10 min bei 37°C	
Reaktionsstart; Zugabe von recombinanter Transglutaminase	50 µL H₂O	50 µL TGase
Inkubation	10 min bei 37°C	
Termination	500 µL Stoppreagenz	
Photometrische Bestimmung der Extinktion gegen Referenzwert	Absorptionsmessung bei λ = 525 nm	

Tabelle 2: Pipettierschema zur Bestimmung der Transglutaminase Aktivität.

Die Enzymaktivität der Transglutaminasen ist definiert als:

$$1\ U = \frac{1\ \mu\text{mol gebildete Hydroxamsäure}}{\text{min}}$$

Die Volumenaktivität der Probenlösung berechnet sich aus der Konzentration der gebildeten Hydroxamsäure bzw. aus der gemessenen Extinktionsdifferenz.

$$\text{Volumenaktivität} = \frac{\Delta E \cdot V}{\varepsilon \cdot d \cdot v \cdot t}$$

mit
- ΔE Extinktionsdifferenz zwischen Proben- und Kontrollwert bzw. Referenzwert
- V Gesamtvolumen (1,0 ml)
- ε Extinktionskoeffizient Eisen(III)-Glutamylhydroxamat (0,470 ml / µmol cm)
- d Schichtdicke der Küvette (1 cm)
- v Probenvolumen (50 µl)
- t Reaktionszeit (10 min)

Einsetzen der aufgeführten Größen ergibt aus der gemessenen Extinktionsdifferenz direkt die Volumenaktivität:

$$\text{Volumenaktivität} \left[\frac{U}{ml}\right]_{525 nm} = \Delta E \cdot 4.47 \left[\frac{\mu\text{mol}}{\text{min} \cdot ml}\right]$$

Unter Einbeziehung der Proteinkonzentration [mg/mL] erhält man die spezifische Aktivität [U/mg]:

$$\text{Spezifische Aktivität} \left[\frac{U}{mg}\right] = \frac{\text{Volumenaktivität} \left[\frac{U}{ml}\right]_{525 nm}}{\text{Proteinkonzentration} \left[\frac{mg}{mL}\right]}$$

3.3.4 Proteinbestimmung nach *Markwell et al., 1978*

Die Proteinbestimmung wurde durchgeführt nach einer modifizierten Methode von Markwell *et al.* (1978) basierend auf der ursprünglichen Methode von Lowry *et al.* (1951). Die Proteinproben wurden im Triplikat angesetzt und mit einem Standard, ebenfalls im Triplikat, BSA (bovine serum albumin) von 0, 20,40, 60, 80 und 100 µg/ml in 200 µL H_2O_{bidest} gemessen. Hierzu wurde das Protein in drei Verdünnungen (1:50, 1:100 und 1:200) in 200 µL H_2O_{bidest} angesetzt und mit 666 µL frisch angesetzter Lösung C (Lösung A und Lösung B 1:100, vergl. 2.9.) gemischt und für 10 min bei Raumtemperatur inkubiert. Anschließend wurden 66,6 µL Lösung D (Folin-Ciocalteau 50 % in H_2O_{bidest}) hinzugegeben, vorsichtig gevortext und bei Raumtemperatur mindestens 45 min. inkubiert. Ebenso wurde mit den Standardlösungen verfahren.

Nach Ablauf der Inkubationszeit wurden jeweils 200 µL der im Triplikat angesetzten Proteinproben und Standards in eine 96 Well-ELISA-Titerplatte überführt.

Die Proben wurden dann im Power-Wave Spektrometer (MWG Biotech) bei 630 nm unter Verwendung des zugehörigen Programms KC5-Analyse (ebenfalls MWG Biotech) gemessen und der Proteingehalt der Ausgangsproteinlösungen berechnet.

3.3.5. SDS-Polyacrylamid-Gelelektrophorese (SDS-PAGE)

Die eindimensionale Polyacrylamid-Gelelektrophorese (SDS-PAGE) trennt Proteine der Größe nach auf. Dabei binden die Proteine im Überschuss zugesetztes SDS und erhalten dadurch eine negative Ladung. Da diese zu ihrem Molekulargewicht proportional ist, werden die SDS-Protein-Komplexe in der Gelmatrix der Molmasse nach aufgetrennt.

Bei der hier verwendeten Methode nach Lämmli (Laemmli 1970) werden die Proben zunächst in einem Sammelgel mit 5% Polyacrylamid konzentriert und anschließend im 7,5%igen bzw. 9%igem Trenngel aufgetrennt (vergl. Tabelle 3: Zusammensetzung der Gele). Hierfür wurden das Mini-PROTEAN 3-Elektrophoresesystem (Fa. BIO-RAD Laboratories GmbH) verwendet.

	5 % Sammelgel	7,5 % Trenngel	9% Trenngel
Aqua bidest.	2,75 mL	4,85 mL	4,35 mL
1 M Tris-HCl pH 6,8	0,5mL	----	----
1,5 M Tris-HCl pH 8,7	----	2,5 mL	2,5 mL
Acrylamid / N´N-Methylenbisacrylamid 30% (37,5:1)	0,65 mL	2,5 mL	3,0 mL
SDS 10%	0,04 mL	0,1 mL	0,1 mL
APS 10%	0,04 mL	0,04 mL	0,04 mL
TEMED 0,05%	0,008 mL	0,02 mL	0,02 mL

Tabelle 3 : Zusammensetzung der Gele

Die Proben, jeweils 30 µL wurden mit 3x SDS-sample buffer (NEB) und 10% 2-Mercaptoethanol versetzt und für 5 min bei 95°C denaturiert. Als Standardproteinmarker wurden 5µL See Blue 2 Pre-Stained Standard (Invitrogen, Deutschland) eingesetzt. Nach Beladung der Gele mit 35 µL der Probenlösung erfolgte die Auftrennung der Proteine zunächst im Sammelgel bei 100 Volt für 10 Minuten in Richtung Anode. Danach wurden die Proteine im Trenngel für 120 min bei 120 mA voneinander getrennt. Unmittelbar im Anschluss erfolgte entweder der elektrophoretische Transfer der Proteine auf eine proteinbindende Membran (Nitrocellulosemembran) nach dem „Semi-Dry"-Verfahren von Towbin et al., 1979 oder die direkte Anfärbung der Proteine auf dem Gel mittels Coomassie-Blau-Färbung.

3.3.6. Coomassie-Färbung von Proteinen in SDS-PAGE-Gelen

Die Polyacrylamidgele wurden nach der Elektrophorese für 1 Stunde in der Coomassie-Blau-Färbelösung inkubiert, danach zur Entfernung von überschüssigem Farbstoff aus dem Gel in die Entfärbelösung überführt. Die Entfärbelösung wurde mehrfach gewechselt, bis der Gelhintergrund klar war und die Proteinbanden deutlich sichtbar wurden. Im Anschluss wurden die Gele für 1-2 h unter Vakuum bei 80°C auf Whatman-Papier getrocknet und photographiert.

3.3.7. Proteintransfer durch Western-Blot

Das Proteinmuster des Gels wurde mit Hilfe des Tankblot-Verfahrens (Kyshe-Anderson, 1984; Towbin et al., 1979) in einer vertikalen Blotkammer (BIO-RAD) auf eine

Nitrocellulosemembran (Hybond-ECL; Amersham, GE Healthcare, Freiburg) übertragen. Hierfür wurden die Nitrocellulosemembran und Gel zwischen mehrere mit Transfer-Puffer getränkte Filterpapiere (3MM, Whatman) gelegt und zwischen zwei Flächenelektroden eingespannt. Der Transfer erfolgte bei 160 mA mit auf 4°C gekühlten Transferpuffer (vergl. 2.9.) für 145 min. Zur Kontrolle der Effizienz und der Gleichmäßigkeit des Transfers wurden die Gele mit Ponceau S Solution (SIGMA) angefärbt, photographiert und anschließend entfärbt durch Waschen in TBS.

3.3.8. Detektion mit spezifischen Antikörpern

Nach dem Transfer wurden die Membranen zur Absättigung unspezifischer Bindungsstellen und hydrophober Bereiche für eine Stunde bei Raumtemperatur mit Blockierungslösung inkubiert (5% (w/v) Milchpulver (MP) in TWB). Im Anschluss wurde die Membran mit primärem Antikörper (siehe Tabelle) für mindestens 1 h bei Raumtemperatur inkubiert. Zur Detektion des primären Antikörpers diente ein peroxidase-konjugierter (HRP-IgG) 2. Antikörper (siehe. Tabelle 4). Vor und nach der Inkubation mit dem sekundären Antikörper erfolgte dreimaliges Waschen bei Raumtemperatur mit 1 x TBS (10 min), 1 x TWB (5 min) und 1 x TBS (10 min). Zur Detektion der Peroxidase-Aktivität wurde die Membran zwei Minuten in Chemilumineszenz-Lösung (vergl. 2.9.) inkubiert. Die Detektion der Chemilumineszenz erfolgte durch Exposition (15 sec bis zu 7 min) der Membran auf Hyperfilm-ECL (Amersham, GE Healthcare, Freiburg). Die Filme wurden abschließend im AGFA CP 1000 (Röntgenfilmentwickler) entwickelt und zur Dokumentation gescannt.

1.Antikörper	Hersteller	Inkubationszeit	Lösung
goat polyclonal Fibronectin (N-20)	Santa Cruz Deutschland	1 Stunde	1:1000 in 1x TWB mit 2,5% Magermilchpulver
goat polyclonal Fibronectin (C-20)	Santa Cruz Deutschland	1 Stunde	1:1000 in 1x TWB mit 2,5% Magermilchpulver
rabbit polyclonal TGase2 (H-237)	Santa Cruz Deutschland	1 Stunde	1:1000 in 1x TWB mit 2,5% Magermilchpulver
mouse polyclonal TGase2 (E-3)	Santa Cruz Deutschland	1 Stunde	1:1000 in 1x TWB mit 2,5% Magermilchpulver

Tabelle 4 : Verwendete Primärantikörper.

2.Antikörper	Hersteller	Inkubationszeit	Lösung
donkey anti-goat IgG-HRP	Santa Cruz Deutschland	45 Minuten	1:10.000 in 1x TWB mit 2,5% Magermilchpulver
donkey anti-mouse IgG-HRP	Santa Cruz Deutschland	45 Minuten	1:10.000 in 1x TWB mit 2,5% Magermilchpulver
donkey anti-rabbit IgG-HRP	Santa Cruz Deutschland	45 Minuten	1:10.000 in 1x TWB mit 2,5% Magermilchpulver

Tabelle 5 : Verwendete Sekundärantikörper.

3.3.9. Zellzahlbestimmung mit Trypanblau

Die abtrypsinierten Zellen wurden mit Trypanblau angefärbt und in einer Zählkammer nach Neubauer gezählt. Dieses Verfahren bietet den Vorteil, dass man gleichzeitig bei der Zählung zwischen lebenden und toten Zellen unterscheiden kann. Die intakten Membranen lebender Zellen verhindern, dass der Farbstoff in die Zellen diffundieren kann, sodass sie im mikroskopischen Bild hell bleiben, während tote Zellen durch Aufnahme des Farbstoffes dunkel erscheinen. Eine Probe wurde mit dem gleichen Volumen 0,5% (w/v) Trypanblau versetzt und durchmischt. Danach wurde die Probe in die Zählkammer einer Neubauer-Zählkammer gegeben und gezählt. Hierbei werden die Zellen in einem Volumen von 0,1 µL gezählt. Der Zelltiter berechnet sich folgendermaßen:

$$\text{Zellen/mL} = \frac{\text{Anzahl der Zellen}}{\text{gezählte Großquadrate}} \times 2 * 10^4$$

Das Volumen unter einem Großquadrat beträgt 0,1 mm^3. Ein Zählfeld besteht aus 16 Großquadraten.

3.3.10. Autofluoreszenz-Analyse an C6-Glioma-Zellen

Für die Visualisierung der Transamidierung wurden C6-Zellen in 6 Well-Platten, mit jeweils 3 Gelatine beschichteten Deckgläschen (DG) per Well, ausplattierten und über Nacht inkubiert (37°C unter 5% CO_2). Am folgenden Tag wurde das Medium abgesaugt, die Zellen in neuem DMEM/F12-Medium jeweils mit 10µM 5,7-Dihydroxytryptamin (5,7-DHT) und 10µM Monodansylcadaverin (MDC) in Anwesenheit und Abwesenheit von 200 mU recombinanter TGase2, 2,5 mM Cystamin und 2,5 mM bzw. 10 mM Serotonin (5-HT) inkubiert. Nach 24 Stunden wurde das Medium von den 6 Well-Platten abgesaugt, die Zellen zwei mal mit 1x PBS gewaschen und für 15 min bei 37°C mit 4% Paraformaldehyd in PBS fixiert. Nach weiteren drei Waschschritten mit 1x PBS wurden die Zellen auf Deckgläschen mit Fluorescent Mounting Medium (Dako, Deutschland) eingedeckt, Trocknung und Lagerung erfolgte bei 4 °C. Die Auswertung erfolgte fluoreszenzmikroskopisch am Axioskope 2 plus (Zeiss) unter Verwendung der Filtersätze: Filter 09, BP 450-490, FT 510 und LP 515 mit dem x40- und x63- Oelimmersionsobjektiv. Die Aufnahmen wurden mit der F-View II Digitalkamera unter Verwendung der analySIS^B Software (beides von Olympus-Soft Imaging Systems, Deutschland) gemacht.

3.3.11. Gesamtprotein-Färbung von Zellen

C6-Zellen wurden in vorbestimmter Zellzahl auf 10 cm Schalen ausplattiert in Anwesen- und Abwesenheit von 10µM 5-HT und 200 mU TGase2 über Nacht bei 37°C unter 5% CO_2 im Zellkulturinkubator inkubiert. Am folgenden Tag, wurden die Zellen dreimal mit 1 x PBS gewaschen und 15 min bei 37°C mit 4% para-Formaldehyd in PBS fixiert. Anschließend wurde wiederum dreimal mit 1 x PBS gewaschen und die Zellen für 10 min bei Raumtemperatur mit Ponceau S Lösung (0,1% in 5% Essigsäure, Fluka) inkubiert. Überschüssige Färbelösung wurde durch mehrmaliges Waschen mit 1 x ddH_2O entfernt. Die Zellen wurden dann mit dem Axioskope 2 plus (Zeiss) unter Verwendung der Filtersätze: Filter 09, BP 450-490, mit dem 20x- und 40x- Objektiv sowohl im Durchlicht / Hellfeld als auch fluoreszenzmikroskopisch ausgewertet. Zur Dokumentation wurden Hellfeld und Fluoreszenzaufnahmen mit der F-View II Digitalkamera (Olympus-Soft Imaging Systems, Deutschland) gemacht. Zur Quantifizierung der extrazellulären Proteine wurden bei den Fluoreszenzaufnahmen pro Einzelexperiment mindestens 20 gleich große Quadranten mit gleicher Zelldichte (5-6 Zellen) mit der analySIS^B Software (Olympus-Soft

Imaging Systems, Deutschland) in Bezug auf ihre Fluoreszenzintensität vermessen. Abschließend wurden die ermittelten Fluoreszenzintensitäten prozentual in Bezug auf die unbehandelten C6 glioma Zellen (entsprechen 100%) berechnet. Mittels PRISM GraphPad wurde die statistische Signifikanz bestimmt und diese Daten graphisch in Form eines Balkendiagrams dargestellt.

3.3.12. Einfluss der Serotonylierung auf das Zellwachstum (Zellzahlbestimmung)

Zur Ermittlung der Auswirkung von TGase2 auf das Zellwachstum von C6-Glioma-Zellen wurden 25.000 Zellen pro Well in eine 24 Well-Platte ausplattiert. Diese wurde für 8 Stunden bei 37°C und 5% CO_2 inkubiert. Pro 4 Well wurden Cystamin, 5-HT und TGase2 in festgelegten Kombinationen und Konzentrationen zugegeben, als Kontrolle wurden 4 Wells ohne weitere Zusätze mitgeführt. Nach über Nacht Inkubation wurden die Zellen jedes Wells, wie unter 3.3.9. beschrieben, ausgezählt. Für die hierbei ermittelten Zellzahlen/mL wurde der Mittelwert (n=4) und der Standard Fehler des Mittelwertes (S.E.M.) mit PRISM GraphPad berechnet und die Ergebnisse graphisch dargestellt.

3.3.13. Visualisierung TGase-mediierter Tansamidierung von Proteinen in der SDS-PAGE

Zur Visualisierung des TGase2-mediierten Einbaus von Monodansylcadavarin (MDC) an extrazelluläre Proteine der C6-Glioma-Zellen wurden in 24 Well-Platten jeweils 50.000 Zellen pro Well ausplattiert und über Nacht bei 37°C und 5% CO_2 inkubiert. Am folgenden Tag wurden das Medium abgesaugt und die Zellen mit 5 mM MDC in DMEM/F12 ohne Serum mit 1x Transamidierungspuffer (Endvolumen 200 µL per Well) in An- und Abwesenheit von 200 mU recombinanter TGase2, 20 mM Cystamin und 20 mM bzw. 40 mM Serotonin (5-HT) für 4 Stunden bei 37°C und 5% CO_2 inkubiert (Ansätze jeweils im Quadruplikat). Im Folgenden wurden die Zellen zweimal mit 1x PBS gewaschen, jedes Well wurde jeweils mit 30 µL 1x SDS sample buffer (NEB) mit 10% 2-Mercaptoethanol lysiert, die Quadruplikate wurden gesammelt und wie oben beschrieben in der SDS-PAGE, elektrophoretischen Proteinauftrennung, eingesetzt. Die distinkten Proteinbanden der SDS Gele wurden mittels UV-Detektion am Gene Flash (Syngene Bio IMAGING, England) visualisiert. Zusätzlich wurden das Gel, wie unter 3.3.6. beschrieben, Coomassie gefärbt. Vergleichbar zur Visualisierung der extrazellulären Proteine der C6 glioma Zellen, wurden jeweils 30 µg kommerziell erworbenes humanes Plasma Fibronektin (Chemicon,

USA) mit 5 mM MDC in 1x Transamidierungspuffer (Endvolumen 100 µL pro Ansatz) in Ab- und Anwesenheit von recombinanter TGase2, Cystamin und Serotonin (5-HT) für 4 Stunden bei Raumtemperatur inkubiert. Anschließend mit 1x SDS sample buffer (NEB) mit 10% 2-Mercaptoethanol versetzt und, wie oben beschrieben, in der SDS PAGE eingesetzt und visualisiert. Zur Quantifizierung der Proteinbanden, wurden die unter UV-Licht detektierten Gele mit der analySIS^B Software (Olympus-Soft Imaging Systems, Deutschland) analysiert. Hierzu wurden distinkte Banden markiert und in Bezug auf ihre Intensitäten miteinander verglichen. Die Banden der Lane 1 (TGase-mediierte Inkorporation von MDC) dienten hierbei als Ausgangswert (entspricht 100%), dem die Banden der anderen Ansätze (Lane 4 und 5, konzentrationsabhängige Inhibition der Transamidierung durch 5-HT) gegenüber gestellt wurden. Die ermittelten Intensitäten wurden prozentual berechnet und mit PRISM GraphPad als Balkendiagrams dargestellt.

3.4. Pharmakologische Methoden

Die im Folgenden aufgeführten Experimente sind für diese Arbeit, der Untersuchung der TGase2 mediierten Transamidierung, Serotonylierung und Monoaminylierung, modifizierte pharmakologisch etablierte Methoden zur Bestimmung der Bindungskinetik (Sättigungsbindung) und der Inhibitionskonzentration (IC_{50}).

3.4.1. Transamidierungsassay für die Bestimmung der endogenen Transglutaminase

Die Messung der endogenen Transamidierung von tritiierten Monoaminen ($[^3H]$5-HT, $[^3H]$-NA und $[^3H]$-DA) wurde mittels einer modifizierten Methode nach Phillips *et al.* (1984) durchgeführt. Das gesamt Mausgehirn (125 µg) wurden mit $[^3H]$-Monoamin in An- und Abwesenheit von 100 µM MDC und 100 µM Cystamin mit 1x Transamidierungspuffer auf ein Endvolumen von 0,2 mL eingestellt und für 3 Stunden bei Raumtemperatur inkubiert. Anschließend drei Mal mit jeweils 3 mL 1x PBS gewaschen. Jeder Waschgang wurde im Cell-Harvester (Dunn) über Whatman glass fiber filters (GF/B, vorinkubiert in 1x PBS), innerhalb von ca. 10 sec gefiltert. Die Filter wurden in Szintillationsröhrchen überführt und für 30 min bei 60°C getrocknet. Anschließend mit 4 mL Szintillationslösung (Aqua Safe Zinsser-Analytic, Deutschland) aufgefüllt und für 2 Stunden geschüttelt, bevor sie im Flüssigkeites-Szintillationszähler (ß-Counter Tricarb; Packard Deutschland) gemessen wurden. Die durch endogene TGase2 mediierte Transamidierung von [³H]-MA wurde hierbei definiert als die Differenz zwischen totaler Bindung/Transamidierung in Abwesenheit der TGase Inhibitoren Cystamin und MDC und der Bindung an das gesamte Mausgehirnprotein in Anwesenheit der Inhibitoren. Alle Experimente wurden mindestens drei Mal wiederholt, die berechneten Daten für jedes Experiment stellen den Mittelwert aus jeweils einer Dreifachbestimmung (Ansätze im Triplikat) dar.

3.4.2. Bindungs- und Transamidierungsassay für endogene und recombinante Transglutaminase an Mausgehirn und Fibronectin am Bsp. von [³H]5-HT

Die Bestimmung der [³H]5-HT-Monoamin Bindung und Transamidierung wurde nach einem modifizierten Liganden-Bindungsassay, von Schloss und Betz (1995), durchgeführt. Hierfür wurden jeweils 100 mg gesamt Mausgehirn bzw. 10 µg humanes Plasma Fibronectin (Chemicon) mit 200 nM [³H]5-HT-MA in einem Endvolumen von 0,2 mL 1x Transamidierungspuffer pipettiert. Parallel wurden gleiche Ansätze mit definierten Zusätzen von recombinanter TGase2 (100 mU), 5-HT (500 µM) und Cystamin (500 µM) für 3 Stunden bei Raumtemperatur inkubiert. Alle folgenden Schritte und Berechnungen entsprachen denen unter 3.4.1. beschrieben. Zur Kontrolle der Substratspezifität der Transamidierung wurden die gleichen Ansätze mit 100 µg BSA durchgeführt. Die Bestimmung der durch recombinante TGase2 mediierte Transamidierung von [³H]-Dopamin ([³H]-DA) und [³H]-Noradrenalin ([³H]-NA) an humanes Plasma Fibronectin (FN) wurde auf identische Weise durchgeführt. Die durch recombinante TGasc2 mediierte Transamidierung von [³H]-Monoaminen wurde hierbei definiert als die Differenz zwischen totaler Bindung/Transamidierung in Abwesenheit und der Bindung/Transamidierung in Anwesenheit der recombinanten TGase2. Alle Experimente wurden mindestens drei Mal wiederholt, die berechneten Daten für jedes Experiment stellen den Mittelwert aus jeweils einer Dreifachbestimmung (Ansätze im Triplikat) dar.

3.4.3. Bindungs- und Transamidierungsassay für endogene und recombinante Transglutaminase an C6-Glioma-Zellen

Das Transamidierungsassay für C6-Glioma-Zellen wurde in Anlehnung an die Rezeptor-Liganden-Bindungstechnik von Schloss und Betz (1995) vorgenommen. Hierbei wurden 50.000

C6-Glioma-Zellen pro Well in 24 Well-Platten ausplattiert und über Nacht bei 37°C und 5% CO_2 inkubiert bis zum Erreichen einer Konfluenz von maximal 70%. Das Zellkulturmedium wurde abgesaugt, durch 200 µL per Well DMEM/F12 Medium ohne Serum mit 1x Transamidierungspuffer und 200 nM [^{3}H]5-HT ersetzt. In unterschiedlichen Ansätzen der Quadruplikat Bestimmung waren außerdem noch 100 mM recombinante TGase2, 500 µM 5-HT und 500 µM Cystamin zugesetzt. Nach 4 Stunden im Zellkulturinkubator wurde das Medium entfernt, jedes Well zwei Mal mit 1x PBS gewaschen und die Zellen mit 10% SDS-Lösung lysiert. Die lysierten Zellen wurden dann in Szintillationsröhrchen überführt, auf ein Volumen von 4 mL mit Szintillationslösung (Aqua Safe Zinsser-Analytic, Deutschland) aufgefüllt, für zwei Stunden geschüttelt, gefolgt von der Messung der Aktivität im Szintillationszähler. Hier wurde wie unter 3.4.2., die durch recombinante TGase2 mediierte Transamidierung von [^{3}H]5-HT als die Differenz zwischen totaler Bindung/Transamidierung in Abwesenheit und der Bindung/Transamidierung in Anwesenheit der recombinanten TGase2 definiert und berechnet. Alle Experimente wurden mindestens drei Mal wiederholt, die berechneten Daten für jedes Experiment stellen den Mittelwert aus jeweils einer Vierfachbestimmung (Ansätze im Quadruplikat) dar.

3.4.4. Sättigungsanalyse für die TGase2-mediierte Transamidierung

Die Messung des Sättigungsanalyse für die Transamidierung von [^{3}H]-Monoaminen durch recombinante Tgase2 wurde mittels einer modifizierten Methode nach Phillips *et al.* (1984) durchgeführt. Das gesamt Mausgehirn Homogenat (75 µg) und das humane Plasma Fibronektin (10 µg) wurden in Ab- und Anwesenheit von 100 mU recombinanter TGase2 mit steigenden Konzentrationen (Verdünnungsreihe) der jeweiligen [^{3}H]-MA, mit 1x Transamidierungspuffer auf ein Endvolumen von 0,2 mL eingestellt. Alle Proben wurden in Triplikaten angesetzt und für 3 Stunden bei Raumtemperatur inkubiert. Anschließend drei Mal mit jeweils 3 mL 1x PBS gewaschen. Jeder Waschgang wurde im Cell-Harvester (Dunn) über Whatman glass fiber filters (GF/B; vorinkubiert mit 1x PBS) innerhalb von ca. 10 sec gefiltert. Im Anschluss wurden die Filter in Szintillationsröhrchen überführt und für 30 min bei 60°C getrocknet, mit 4 mL Szintillationslösung aufgefüllt und 2 Stunden auf einen Schüttler gestellt und abschließend im Szintillationszähler gemessen. Die Berechnung und Darstellung der Werte wurde wie bereits oben beschrieben vorgenommen.

3.4.5. Bestimmung der Inhibitionskonstanten (IC_{50}) für die TGase-mediierte Transamidierung

Für die Bestimmung der Inhibitionskonzentration (IC_{50}) für die durch recombinante TGase2-mediierte Transamidierung von [^{3}H]-Monoaminen an humanes Plasma Fibronektin (FN) wurde entsprechend einer modifizierten Methode nach Schloss und Betz (1995) vorgegangen. Hierbei wurden 10 µg Fibronectin in Ab- und Anwesenheit von 100 mU recombinanter TGase mit 250 nM des jeweiligen tritiierten Substrates ([^{3}H]-5-HT, [^{3}H]-DA oder [^{3}H]-NE) und acht abgestufte Konzentrationen (0 bis 1000 µM) von unmarkiertem Monoamin (5-HT, DA oder NA) angesetzt. Das Endvolumen wurde mit 1x Transamidierungspuffer auf 0,2 mL eingestellt und die Proben bei Raumtemperatur für 3 Stunden inkubiert. Nach Ablauf der Inkubationszeit wurden die Proben drei Mal mit 3 mL 1x PBS gewaschen. Jeder Waschgang wurde im Cell-Harvester (Dunn) über Whatman glass fiber filters (GF/B, vorinkubiert in 1x PBS) gefiltert. Die Filter wurden in Szintillationsröhrchen überführt und für 30 min bei 60°C getrocknet. Anschließend mit 4 mL Szintillationslösung (Aqua Safe Zinsser-Analytic, Deutschland) aufgefüllt und für 2 Stunden geschüttelt, bevor sie im Flüssigkeits-Szintillationszähler (ß-Counter Tricarb; Packard Deutschland) gemessen wurden.

Die Inhibitionskonstante (IC50) für die TGase2-mediierte Transamidierung von tritiierten Monoaminen an Fibronektin wurde hierbei definiert als die Differenz zwischen der Transamidierung in Anwesenheit von recombinanter TGase2 bzw. zur Kontrolle in Abwesenheit der TGase2 und der Transamidierung in Anwesenheit von recombinanter TGase2 und den jeweiligen unmarkierten Monoaminen. Alle Experimente wurden mindestens drei Mal wiederholt, die berechneten Daten für jedes Experiment stellen den Mittelwert aus jeweils einer Dreifachbestimmung (Ansätze im Triplikat) da.

3.4.6. Flüssigkeits-Szintillationsmessung

Die Messung der [^{3}H]-Isotope fand mittels Aqua Safe 300 (Zinsser) für wässrige Proben im Szintillations-Spectrophotometer Tricarb 1500 (Packard) statt. Die durchschnittliche Messeffizienz für [^{3}H]-Isotope, bei diesem Messgerät in Verbindung mit Aqua Safe, lag bei 60%, basierend auf einer Quencherkurve im Vergleich zum Spektralindex eines externen Standards.

3.5 Auswertungsmethoden (Datenanalyse)

3.5.1 Auswertungsmethoden: Transamidierungsmessung

Für die Sättigungsanalysen mit steigenden Konzentrationen radioaktiven Substrates wurde die Zuwachsrate der Transamidierung zwischen Substrat mit und ohne TGase2 berechnet. Die ermittelten Daten wurden mittels des Computerprogramms Graph Pad (Prism 3.0) mit folgender nicht-linearen Regressionsanalyse ausgewertet:

$$V = [V_{max} * S^n] / [K_M + S^n]$$

Wobei:

$V =$	kovalent transamidierte Substrate bei gegebener Substratkonzentration [S]
$V_{max} =$	maximale Transamidierungsrate
$S =$	Substratkonzentration
$n_H =$	Hillkoeffizient

Für die Berechnung der IC_{50} und der graphischen Darstellung war es notwendig, die Werte auf 100% umzurechnen, hierfür wurde V/V_{max} für jeden Einzelwert (im Triplikat) bestimmt. Der zu bestimmende Wert für die halbmaximale Hemmung (IC_{50}) wurde mittels der Beziehung zwischen K_i und IC_{50} nach Cheng-Prusoff (1973) ermittelt:

$$K_i = IC_{50} / (1 + S / K_M)$$

3.5.2. Statistik

Standardfehler (SD)

Der **Standardfehler (SD)** oder **Stichprobenfehler** (selten Schätzfehler) ist ein Streuungsmaß für eine Stichprobenverteilung. Der Standardfehler ist definiert als die Standardabweichung des Mittelwerts, d.h. als die Wurzel aus der Varianz der Verteilung der Stichproben-**Mittelwerte** x̄ von gleichgroßen unabhängigen, zufälligen Stichproben aus einer gegebenen Grundgesamtheit. Bezeichnen **n** die Größe der **Stichprobe** und σ^2 die **Varianz** der **Grundgesamtheit**, so ist der Standardfehler durch folgende Formel gegeben:

$$\sigma_{\bar{x}} = \frac{\sigma}{\sqrt{n}}.$$

$$\sigma(x) = \sqrt{\frac{\sum(x_i - \bar{x})^2}{n-1}}$$

Mittelwert x̄

Wir benutzen **Mittelwert** x̄ einer Meßreihe als Bestwert für das Ergebnis. Er wird folgendermaßen gebildet:

$$\bar{x} = (x1 + x2 + \ldots + xn) / n$$

$$\bar{x} = \frac{1}{n}\sum_{i=1}^{n} x_i$$

Standardfehler des Mittelwertes (S.E.M.)

Für die Beurteilung der Genauigkeit einer Messung kommt es daher auf den möglichen **Fehler des Mittelwertes** an. Bei einer sehr großen Anzahl gleicher Meßreihen mit dem **Umfang n**, so hat jede Meßreihe ihren eigenen Mittelwert. Die Mittelwerte aller Meßreihen bilden ebenfalls eine Verteilung, die einer Gaussfunktion entspricht und die durch eine **Standardabweichung** $\sigma(\bar{x})$ charakterisiert ist. Sie ist nicht zu verwechseln mit der Verteilung, die durch die Gesamtheit aller Einzelmeßwerte gebildet und durch die **Standardabweichung für die Einzelmessung** σ (x) charakterisiert wird.

Es kann gezeigt werden, dass zwischen diesen beiden Größen der folgende Zusammenhang besteht:

$$\sigma(\bar{x}) = \frac{\sigma(x)}{\sqrt{n}}$$

d.h.

S.E.M. = SD / $\sqrt{n}$

Unter Berücksichtigung von $\sigma(x)$ ergibt sich:

$$\sigma(\bar{x}) = \sqrt{\frac{\Sigma(x_i - \bar{x})^2}{n(n-1)}}$$

Signifikanz von Parametern: t-Test

Der t-Test gibt eine Angabe über die Konsistenz zweier Mittelwerte. Für die t-Verteilung und den t-Test betrachtet man normalverteilte Zufallsvariablen **y**. Sind solche nicht vorhanden, dann muss mit Mittelwerten von Stichproben gerechnet werden. Wir berechnen den Mittelwert m_y aus der Stichprobe **y** und die Standardabweichung S_y, die auf ν Freiheitsgeraden beruht.

Die t-Grösse ist dann

$$t = \frac{y - m_y}{s_y}$$

bzw.

$$t = \frac{\langle x_1 \rangle - \langle x_2 \rangle}{s_{(\langle x_1 \rangle - \langle x_2 \rangle)}}$$

t-Tests für zwei unabhängige Stichproben

Gegeben sind zwei unabhängige Stichproben $x_1, x_2, \ldots, x_n$ und $y_1, y_2, \ldots, y_m$ jeweils aus normalverteilten Grundgesamtheiten, dann gilt:

$$t = \frac{\bar{x} - \bar{y}}{\sqrt{(s_x^2 + s_y^2)/n}}$$

Wenn der Test erfüllt ist, dann sind die beiden Stichproben aus der gleichen Grundgesamtheit.

p- Signifikanzwert

Der p-Wert (**Überschreitungswahrscheinlichkeit** oder **Signifikanzwert**, engl. **p-value**) ist das Ergebnis eines Signifikanztests zur Prüfung einer vorab aufgestellten (Null-) Hypothese (kein Unterschied zwischen den Gruppen). Ist der p-Wert kleiner als das, ebenfalls vorab, gewählte Irrtums-(Signifikanz-)Niveau α (P<0,05), dann gilt das Ergebnis als statistisch signifikant.

* bedeutet $0,01 < p \leq 0,05$ knapp signifikant
** bedeutet $0,001 < p \leq 0,01$ signifikant
*** bedeutet $p \leq 0,001$ hoch signifikant

4. Ergebnisse

4.1 Herstellung und Aufreinigung der recombinanten Transglutaminase 2 (TGase2)

4.1.1 Restriktionsverdau und Transfektion des Expressionsplasmids pQE32-TGase2

Zur Herstellung der recombinanten Transglutaminase 2, wurde das von Steve Gillet zur Verfügung gestellte Plasmid pQE32 mit der cDNA für TGase2 aus Meerschweinchenleber zuerst mittels Restriktionsverdau und Agarosegelelektrophorese durch Frau Tina Buch, überprüft (siehe Abbildung 4) und im Anschluss in den E.coli Stamm XLBlue-1 transfiziert.

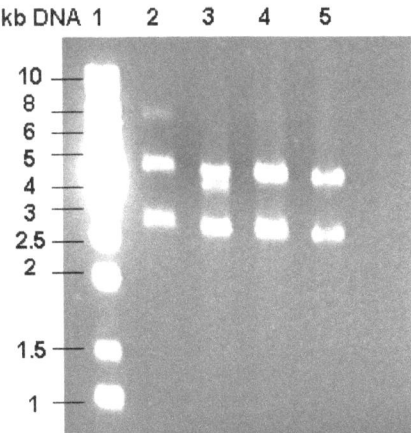

Abildung 5: Zusammenstellung der Agarosegel-Läufe des Restriktionsverdaus von pQE32-TGase2 mit *EcoRI* und PstI. Die Spuren 1 zeigt die 10 kb DNA-Leiter (Standard). Die weiteren Spuren zeigen den Verdau des Plasmids. Die untere Bande repräsentiert das Transglutaminase 2 Gen Fragment mit 2,3 kb. Das Expressionsplasmid selber hat 3,2 kb. Spur 2 zeigt einen unvollständigen Verdau mit drei Banden, wobei die oberste Bande das circuläre Plasmid darstellt. Spur drei zeigt eine weitere Bande zwischen pQE32 und TGase2, diese stellt eine unterschiedliche Konformation des Plasmids dar.

Das im Anschluss an die Überprüfung durch den Restriktionsverdau in E.coli XLBlue-1 transfizierte Expressionsplasmid pQE32-TGase2 wurde im weiteren Verlauf der Arbeit für die Isolierung und Aufreinigung der recombinanten TGase2 eingesetzt.

4.1.2 Isolierung und Aufreinigung der recombinanten Transglutaminase 2

Die Isolierung und Aufreinigung der recombinanten TGase2 erfolgte, wie unter 3.3.2. beschrieben. Hierfür wurden 50 mL LB/Ampicillin Medium mit E. coli XLBlue-TGase2 angeimpft und über Nacht bei 37°C und 140 rpm inkubiert. Die Vorkultur wurde in 450 mL LB/Ampicillin Medium in Anwesenheit von 2,5 mM des chemischen Chaperons Betain und 1 M Sorbitol überführt und für 3 bis 4 Stunden inkubiert. Nach erreichen der Optische Dichte (OD) von 0,6 wurde zur Induktion der Expression der TGase2, 1 mM Isopropyl-β-D-thiogalactopyranosid (IPTG) zugegeben und die Zellsuspension für 20 Stunden bei 28°C mit 140 rpm inkubiert.

Für die Aufreinigung der recombinanten TGase2 wurde wie im Protokoll beschrieben, die Zellsuspension zentrifugiert, das Pellet in Anwesenheit von 10 mM Imidazol und 4 mg/mL Lysozym, resuspendiert und lysiert. Im Anschluss wurden die in der Suspension verbliebenen Zellen, mit dem Sonicator (B. Braun, Deutschland) mechanisch aufgeschlossen und ein weiteres Mal zentrifugiert.

Zur Isolierung der TGase2 wurde der Überstand in einer equilibrierten Säule mit Ni-NTA Agarose (QIAGEN) inkubiert. Die Säule wurde dann mehrfach mit Imidazolhaltiger Pufferlösung gewaschen und die an die Ni-NTA gebundene recombinante TGase2 mit Elutionspuffer (250 mM Imidazol) ausgelöst und gesammelt. Die isolierte und aufgereinigte recombinante TGase2 wurde zum Schutz und zur Aktivitätserhaltung des Enzyms über die Econo-Pac 10-DG Säule entsalzt. Die so erhaltenen Fraktion, sowie die Einzelschritte der Aufreinigung wurden durch SDS-PAGE und Westernblot (siehe 3.3.5., 3.3.7. und 3.3.8.) analysiert (siehe Abbildung 6). Die Enzymaktivität (siehe 3.3.3.) und die Proteinkonzentration (siehe 3.3.4.) wurden bestimmt. Die Aktivität lag im Durchschnitt bei 15 U/mL und die Konzentration bei ca. 1,5 mg/mL.

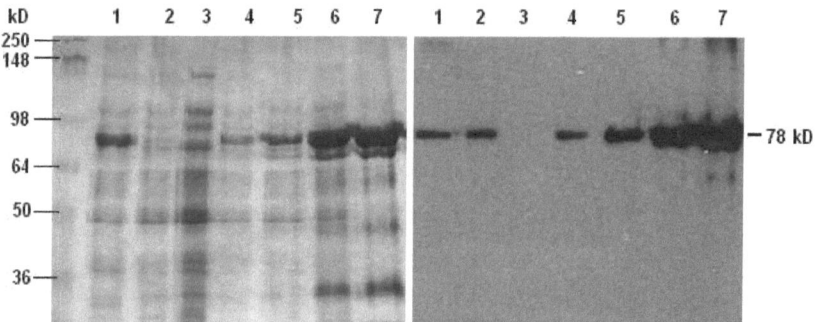

Abbildung 6: SDS-PAGE Analyse der TGase Isolierung und Aufreinigung. Gezeigt ist ein 9% iges SDS-Gel, links Coomassie gefärbt, rechts der dazugehörige Westernblot auf Nitrozellulosemembran mit α-TGase Antikörper, die Bande für die recombinante TGase2 liegt bei 78 kD. Aufgetragen sind: 1) Pellet nach erster Zentrifugation; 2) Überstand nach zweiter Zentrifugation; 3) Durchlauf Suspension nach Inkubation im Ni-NTA-Gel; 4 / 5) erster und zweiter Waschschritt; 6 / 7) Erste und zweite fraktionierte Elution der TGase aus dem Ni-NTA-Gel.

4.2. TGase2-mediierte Transamidierug von [³H]5-HT an gesamt Mausgehirnprotein

Das für die im Folgenden beschriebenen Versuche benötigte gesamt Mausgehirnprotein wurde wie unter Punkt 3.3.1. aufgeführt präpariert und die für die Experimente eingesetzten notwendigen Proteinmengen durch, hier nicht gezeigte, Substratabhängigkeitsversuche mit recombinanter TGase2 und tritiiertem Serotonin ([³H]5-HT) vorab bestimmt.

4.2.1. Transamidierung von [³H]5-HT an gesamt Mausgehirn durch endogene Transglutaminase

Zum Nachweis endogener Transglutaminasen, die in der Lage sind, spezifisch [³H]5-HT an Gehirnproteine zu transamidieren, wurden Einpunkttransamidierungsmessungen in An- und Abwesenheit des TGase2 Acyl-Akzeptors, Monodansylcadaverin (MDC) und des spezifischen Transglutaminase 2 Inhibitors Cystamin durchgeführt.
Hierfür wurden 125 µg gesamt Mausgehirn mit 300 nM [³H]5-HT mit und ohne 100 µM MDC und 100 µM Cystamin, in einem Endvolumen von 200 µL mit Transamidierungspuffer für 3 Stunden bei Raumtemperatur, inkubiert. Im Anschluss an die Inkubation wurde mit den Proben wie unter 3.4.1. beschrieben weiter verfahren.
Die nach der Szintillationsmessung erhaltenen Werte wurden entsprechend 2.5.1. berechnet und graphisch dargestellt. Abbildung 7 zeigt ein repräsentatives Experiment der durch endogene TGase2-mediierten Transamidierung von [³H]5-HT; sie ist definiert als die Differenz zwischen totaler Bindung/Transamidierung in Abwesenheit der TGase Inhibitoren Cystamin und MDC und der Bindung an das gesamte Mausgehirnprotein in Anwesenheit der Inhibitoren. Der erhaltene Mittelwert aus 4 Experimenten, für MDC beträgt 14,5 +/- 0,4 pmol und für Cystamin 16,9 +/ 0,4 pmol, spezifischer TGase-mediierter Transamidierung von [³H]5-HT pro mg Maugehirnprotein.

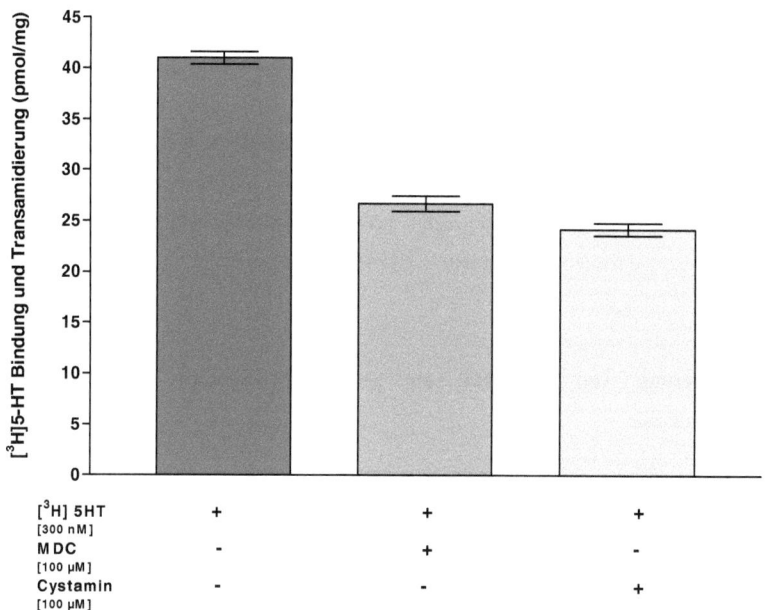

Abbildung 7: Durch endogene Transglutaminase vermittelte Transamidierung von [^{3}H]5-HT an gesamt Mausgehirnprotein in Ab- und Anwesenheit von Monodansylcadaverin (MDC) und Cystamin. Balken 1 (von links) repräsentiert hier sowohl Bindung an Rezeptoren und Transporter, als auch Transamidierung von [^{3}H]5-HT an Mausgehirnprotein durch endogene TGase. Balken 2 und 3 repräsentieren nur TGase unabhängige Bindung, da die vorhandene endogene TGase durch MDC und Cystamin inhibiert wurde. Die Inhibitionswerte bei diesem Einzelexperiment sind für MDC 14,3 +/- 0,7 pmol/mg und für Cystamin 16,7 +/- 0,6 pmol/mg.

4.2.2. Bestimmung der Zeitabhängigkeit der Transamidierungsreaktion durch recombinante Transglutaminase

Zur Bestimmung der für die Folgeversuche optimalen Reaktionszeit für die Enzym-Substrat-Reaktion wurden Einpunkttransamidierungsmessungen zu bestimmten Zeitpunkten durchgeführt. Hierfür wurden in vier Ansätzen, jeweils in An- und Abwesenheit von 200 mU recombinanter TGase2, bei einer konstanten Konzentration [^{3}H]5-HT von 200 nM, 125 µg Mausgehirn Homogenat im Endvolumen von 200 µL (Transamidierungspuffer) für 60, 120, 180 und 320 min, inkubiert. Im Anschluss an die Inkubation wurden mit den Proben, wie unter 3.4.1. beschrieben, weiter verfahren. Die nach der Szintillationsmessung erhaltenen Werte wurden entsprechend 2.5.1.

berechnet. Die spezifische Transamidierung durch recombinante TGase 2 ist hier berechnet als Differenz aus totaler Bindung und Transamidierung mediiert durch endogene und recombinante TGase2 und totaler Bindung und Transamidierung durch endogene TGase2. Ein repräsentatives Experiment ist in Abbildung 8 dargestellt. Die erhaltenen Mittelwerte aus drei unabhängig durchgeführten Experimenten (n=3) für die spezifische Transamidierung bezogen auf die Zeit, sind in Tabelle 6 aufgeführt. Diese Versuche zeigten, dass eine Inkubation für 3 Stunden mit dem Mittelwert von 15,52 +/- 0,51 pmol/mg, kinetisch die besten Resultate ergibt.

Anzahl (n)	60 min	120 min	180 min	300 min
1	1,67 +/- 0,17	6,14 +/- 0,59	15,32 +/- 0,52	16,23 +/- 0,74
2	1,44 +/- 0,35	5,72+/- 0,46	14,66 +/- 0,57	17,90 +/- 0,71
3	1,56 +/- 0,29	6,43 +/- 0,47	16,58 +/- 0,57	19,52 +/- 0,52
Ø	**1,55 +/- 0,18**	**6,10 +/- 0,31**	**15,52 +/- 0,52**	**17,89 +/- 0,67**

<u>Tabelle 6:</u> Auflistung der Einzelwerte und des Mittelwertes für die Bestimmung der Zeitabhängigkeit der Transamidierungsreaktion von [^{3}H]5-HT an gesamt Mausgehirn mediiert durch recombinante Transglutaminase 2.

Das repräsentative Experiment in Abbildung 8 stellt die Zeitabhängigkeit der Transamidierungsreaktion von [^{3}H]5-HT an gesamt Mausgehirn Homogenat dar. Abbildung 8A zeigt ein Balkendiagramm der Zeitabhängigkeit, dargestellt sind totale Bindung und Transamidierung vermittelt durch endogene und recombinante TGase2 (■) und die totale Bindung und Transamidierung durch endogene TGase (Δ). Abbildung 8B zeigt das entsprechende lineare Diagramm mit der berechneten spezifischen Transamidierung (●).

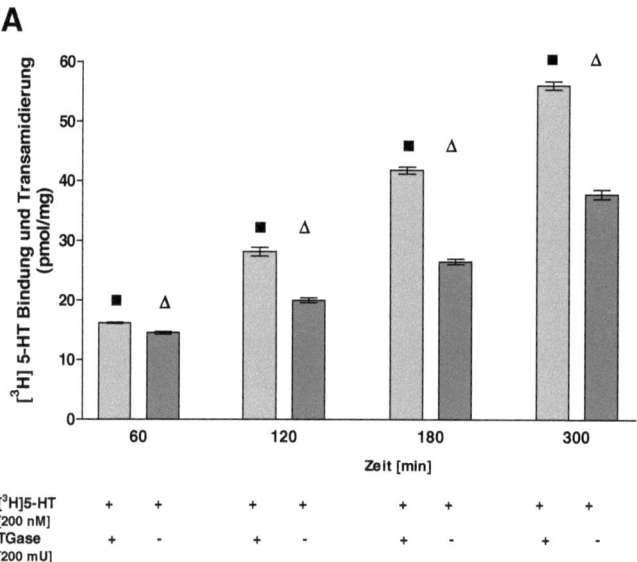

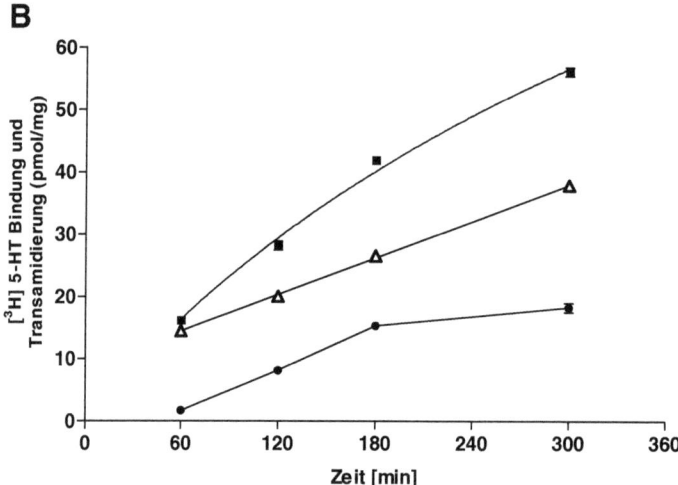

<u>Abbildung 8:</u> Zeitabhängigkeit der Transamidierungsreaktion von [³H]5-HT an gesamt Mausgehirn mediiert durch recombinante TGase2. A) Balkendiagramm der Zeitabhängigkeit; Dargestellt sind totale Bindung und Transamidierung vermittelt durch endogene und recombinante TGase2 (■) und die totale Bindung und Transamidierung durch endogene TGase2 (Δ). B) Linear Diagramm der Zeitabhängigkeit mit der berechneten spezifischen Transamidierung (●) durch recombinante TGase2.

4.2.3. Transamidierung von [^{3}H]5-HT an gesamt Mausgehirn durch recombinante Transglutaminase 2

Zur Unterscheidung zwischen Bindung und Transamidierung durch recombinante und endogene TGase2, wurden 200 µg gesamt Mausgehirn mit 200 nM [^{3}H]5-HT in Anwesenheit von 100 mU recombinanter TGase2 mit Transamidierungspuffer für 3 Stunden bei Raumtemperatur inkubiert. Die nach Auswertung der Szintillationsmessung des Filterassays ermittelten Werte repräsentieren sowohl die totale Bindung als auch die durch endogene und recombinante TGase2 vermittelte Transamidierung von [^{3}H]5-HT (Abb. 8, A). Zur Bestimmung der unspezifischen Bindung und Transamidierung von [^{3}H]5-HT an das gesamt Mausgehirn Homogenat wurde derselbe Ansatz, in Anwesenheit von 500 µM unmarkiertem 5-HT parallel mitgeführt (B). Des Weiteren wurde zur Bestimmung der totalen Bindung und Transamidierung durch endogene TGase, sowie der unspezifischen Bindung und Transamidierung jeweils, ein Ansatz ohne recombinante TGase2 in Abwesenheit (C) und Anwesenheit (D) von 500 µM unmarkiertem 5-HT mitgeführt. Abschließend, wurde Mausgehirn Homogenat mit [^{3}H]5-HT und 100 mU recombinanter Tgase2 in Anwesenheit von 500 µM Cystamin inkubiert, um die totale Bindung von 5-HT an das Mausgehirnprotein bei gleichzeitiger Inhibition sowohl endogener als auch recombinanter TGase-Aktivität zu ermitteln (E).

Abbildung 9 zeigt ein repräsentatives Experiment der durch recombinante TGase2-mediierten Transamidierung von [^{3}H]5-HT an Mausgehirnprotein, wobei die Differenz zwischen C (totaler Bindung und Transamidierung durch endogene TGase) und D (totaler Bindung ohne Transamidierung) die Transamidierung durch endogene TGase darstellt. Die spezifische Transamidierung durch recombinante TGase2 stellt sich hier als Differenz zwischen A (totaler Bindung und Transamidierung durch endogene und recombinante TGase) und C (totaler Bindung und Transamidierung durch endogene TGase) dar. Der erhaltene Mittelwert aus 4 Experimenten, für die [^{3}H]5-HT Transamidierung durch endogene TGase beträgt 15,1 +/- 0,4 pmol/mg und für die recombinante TGase 2 11,9 +/- 0,4 pmol/mg.

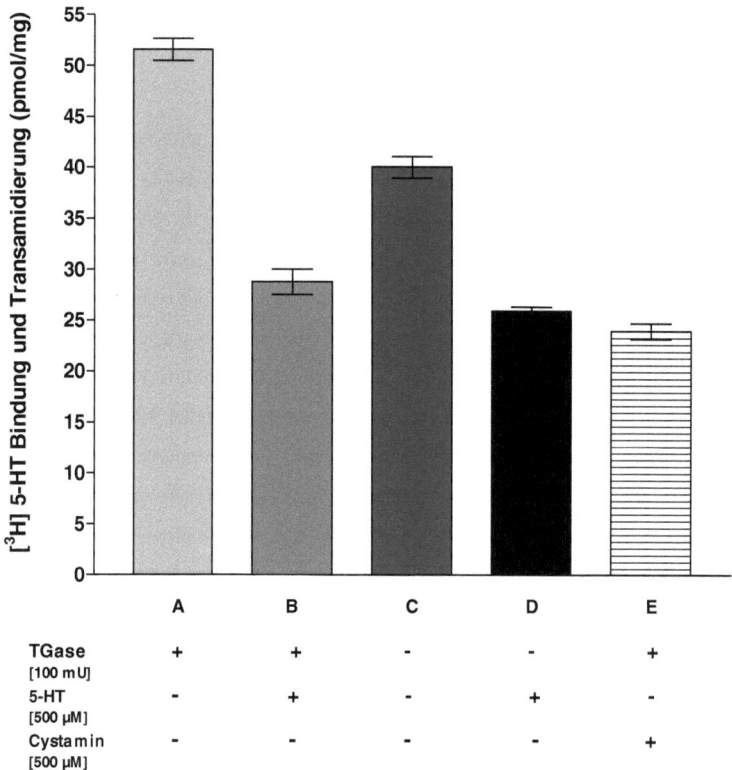

Abbildung 9: Bindung und Transamidierung von [^{3}H]5-HT an Mausgehirnprotein.
Mausgehirn Homogenat (200 µg) wurde inkubiert mit 200 nM [^{3}H]5-HT in An- (A) und Abwesenheit (C) von 100 mU recombinanter TGase2 für 3 Stunden bei Raumtemperatur, wie oben beschrieben. In Balken B und D wurde 500 µM unmarkiertes 5-HT zur Bestimmung der unspezifischen Bindung und Transamidierung zugegeben. In E wurde zur Bestimmung der spezifischen und unspezifischen Bindung 500 µM Cystamin als Inhibitor der endogenen und recombinanten TGase2 zugegeben. In diesem exemplarischen Experiment ist die Transamidierung durch endogene TGase, definiert als Differenz zwischen C (totaler Bindung und Transamidierung durch endogene TGase) und D (totaler Bindung ohne Transamidierung), berechnet mit 14,2 +/- 0,8 pmol/mg Protein. Die Transamidierung durch recombinante TGase2 wurde berechnet als Differenz aus A (totaler Bindung und Transamidierung durch endogene und recombinante TGase2) und C (totaler Bindung und Transamidierung durch endogene TGase) und ergab hier 11,5 +/- 1,1 pmol/mg Protein.

4.2.4. Sättigungsanalyse der Transamidierung von [³H]5-HT an Mausgehirnprotein durch recombinante Transglutaminase 2

Bestimmung der Sättigung der spezifischen Transamidierung in An- und Abwesenheit von recombinanter TGase2. Der aus drei, unabhängig voneinander, durchgeführten Experimenten berechnete Mittelwert für die Michaelis-Menten-Konstante, der spezifischen Transamidierung durch recombinante TGase2 von [³H]5-HT an Mausgehirnprotein beträgt, K_M=747,8 +/- 58,0 nM bei einer V_{max} von 106,0 +/- 4,4 pmol/mg Protein.

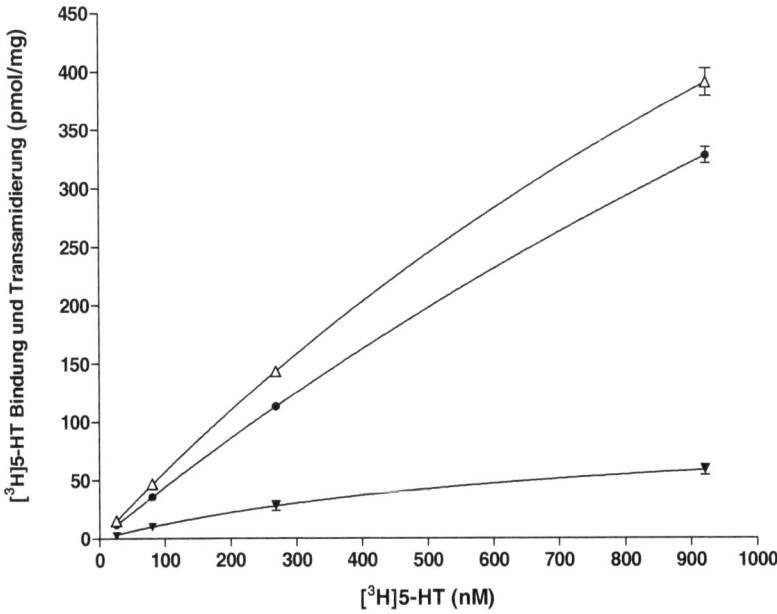

Abbildung 10: Bindung und Transamidierung von [³H]5-HT an Mausgehirn Homogenaten in An- und Abwesenheit der recombinanten TGase2.
nDie Inkorporation von [³H]5-HT wurde analysiert mittels steigender Konzentrationen des radioaktiv markierten Neurotransmitters an 75 µg Mausgehirn-Homogenat in An- und Abwesenheit von 100 mU TGase2 (vergleichbar Abbildung 8, A und C). Die spezifische Transamidierung (▼) ist hierbei, als Differenz aus Δ (totaler Bindung und Transamidierung durch endogene und recombinante TGase2) und ● (totaler Bindung und Transamidierung durch endogene TGase) gezeigt. In diesem repräsentativen Experiment, beträgt die K_M = 747,8 +/- 58,0 nM und die V_{max} = 107,8 +/- 4,3 pmol / mg Protein.

4. Ergebnisse

4.3. Nachweis und Visualisierung der Serotonylierung extrazellulärer Proteine von C6-Glioma-Zellen

Zum Nachweis der TGase2-mediierten Serotonylierung extrazellulärer Proteine, ihrer Visualisierung und Bestimmung von Zielproteinen für die Inkorporation von Monoaminen, wurden folgende Experimente an C6-Glioma-Zellen vorgenommen. C6-Glioma-Zellen dienten hierbei als Modell für Gliazellen des Gehirns, die in der Lage sind, extrazelluläre Matrixproteine zu sezernieren, ohne dass sie Ergebnis-verfälschende Monoamintransporter besitzen (Eshleman et al., 1997; Johnson et al., 1998).

Zur Absicherung wurde mittels SDS-PAGE und Westernblot mit α-SERT Antikörper der Nachweise geführt, dass C6-Glioma-Zellen auf Proteinebene keinen Serotonintransporter exprimieren (Daten hier nicht gezeigt).

4.3.1. Serotonylierung von [^{3}H]5-HT an extrazelluläres Protein von C6-Glioma-Zellen

Zur Untersuchung der möglichen Serotonylierung extrazellulärer Proteine wurden C6-Glioma-Zellen mit [^{3}H]5-HT in An- und Abwesenheit von rekombinanter TGase2, Cystamin und unmarkiertem 5-HT, wie unter 3.4.3.im Detail beschrieben, inkubiert.

In Abbildung 11 ist als Ergebnis dieses Experiments die selektive Transamidierung von [^{3}H]5-HT an extrazelluläres Protein der C6 Glioma Zellen durch endogene wie rekombinante TGase2 gezeigt. Das Balkendiagramm entspricht der Darstellung unter 4.2.3., wobei Balken A sowohl die totale Bindung, als auch die durch endogene und rekombinante TGase vermittelte Transamidierung von [^{3}H]5-HT repräsentiert. Zur Bestimmung der unspezifischen Bindung und Transamidierung von [^{3}H]5-HT wurde derselbe Ansatz, in Anwesenheit von 500µM unmarkiertem 5-HT, durchgeführt (B). Zur Bestimmung der totalen Bindung und Transamidierung durch endogene TGase, sowie der unspezifischen Bindung und Transamidierung dienten die Ansätze ohne rekombinante TGase2 in Ab- (C) und Anwesenheit (D) von 500 µM unmarkiertem 5-HT. Balken E stellt die totale Bindung von [^{3}H]5-HT an extrazelluläre Proteine und die Zellmembran der C6-Glioma-Zellen dar bei gleichzeitiger Inhibition sowohl der endogenen als auch der rekombinanten TGase2 durch Zugabe von 500 µM Cystamin. Für die Ermittlung der unspezifischen Bindung von [^{3}H]5-HT unter Inhibition endogener TGase2 und spezifischer Bindung, wurde ein Ansatz ohne rekombinante TGase2 mit 500 µM Cystamin und 5-HT mitgeführt, dieser ist in Balken F dargestellt. Alle Experimente wurden drei Mal wiederholt, die berechneten Daten für jedes Einzelexperiment stellen den Mittelwert aus jeweils einer Vierfachbestimmung (Ansätze im

Quadruplikat) dar. Der Mittelwerte für die Transamidierung von [³H]5-HT durch die endogene TGase beträgt, 0,198 +/- 0,08 (n=3) und für die recombinante TGase2, 0,548 +/- 0,07 pmol/well (n=3).

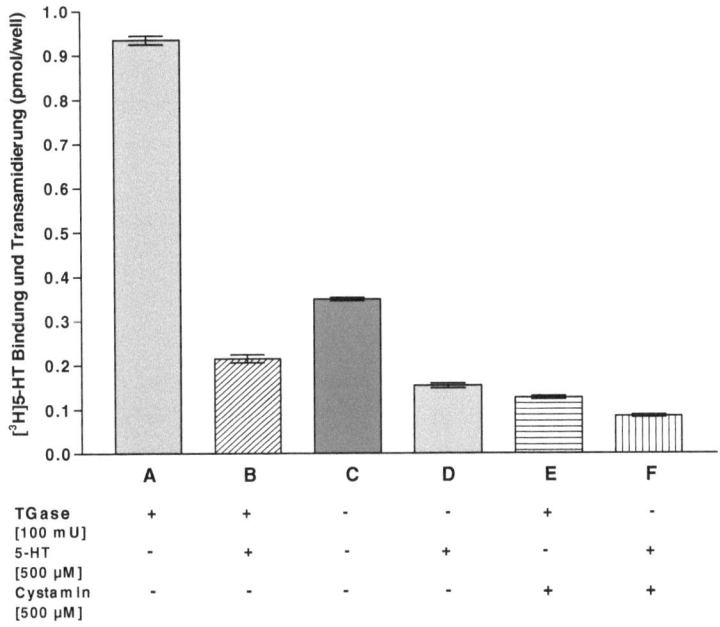

Abbildung 11: Bindung und Transamidierung von [³H]5-HT an C6-Glioma-Zellen.
Die C6-Glioma-Zellen wurden mit 200 nM [³H]5-HT in An- (A) und Abwesenheit (C) von 100 mU recombinanter TGase2 für 4 Stunden im Zellinkubator bei 37°C unter 5% CO_2, inkubiert. In B und D wurden 500 µM unmarkiertes 5-HT zur Bestimmung der unspezifischen Bindung und Transamidierung, zugegeben. In E wurde zur Bestimmung der spezifischen und unspezifischen Bindung 500 µM Cystamin als Inhibitor der endogenen und recombinanten TGase2 zugegeben. F stellt die unspezifische Bindung unter Inhibition endogener TGase und spezifischer Bindung, durch 500 µM Cystamin und 5-HT dar. In diesem exemplarischen Experiment ist die Transamidierung durch endogene und recombinante TGase, definiert als Differenz zwischen C (totaler Bindung und Transamidierung durch endogene TGase) und E (totaler Bindung ohne Transamidierung), berechnet mit 0,196 +/- 0,05 pmol/well. Die Transamidierung durch recombinante TGase2 wurde berechnet als Differenz aus A (totaler Bindung und Transamidierung durch endogene und recombinante TGase2) und C (totaler Bindung und Transamidierung durch endogene TGase) und ergab hier 0,582 +/- 0,07 pmol/well.

4.3.2. Inkorporation von Monodansylcadaverin und 5,7- Dihydroxytryptamin an C6-Glioma-Zellprotein

In einer Veröffentlichung aus dem Jahr 2003 konnten Walther *et al.* zeigen, dass TGase auch andere Monoamine, wie z.b. das autofluoreszierende Monodansylcadaverin (MDC), als Acyl-Akzeptor nutzen kann. Unter Berücksichtigung dieses Ergebnisses, wurde zur Visualisierung der Inkorporation von Monoaminen an extrazelluläre Proteine, lebende C6-Glioma-Zellen mit 10 µM MDC und 10 µM 5,7-Dihydroxytryptamin (5,7-DHT) in An- und Abwesenheit von 200 mU recombinanter TGase2, 2,5 mM Cystamin, 2,5 mM und 10 mM 5-HT, inkubiert. Die Inkubation und fluoreszenzmikroskopische Auswertung ist im Detail unter Material und Methoden (3.3.10.) aufgeführt.

Abbildung 12 zeigt fluoreszenzmikroskopische Aufnahmen der Inkorporation beider Monoamine. Beide werden selektiv sowohl durch endogene als auch, noch verstärkt, durch recombinante TGase2 an extrazelluläre Proteine der C6-Glioma-Zellen inkorporiert. Die Transamidierung ist in beiden Fällen durch Cystamin inhibiert und dosisabhängig durch Zugabe von 5-HT reduziert. Hier nicht gezeigt ist, dass 10 mM 5-HT in Abwesenheit von recombinanter TGase2, zu verstärktem Zelltod führt, wohingegen die Anwesenheit von 200 mM recombinanter TGase2 eine protektive Wirkung gegenüber der scheinbar apoptotischen Wirkung der 10 mM 5-HT, hat.

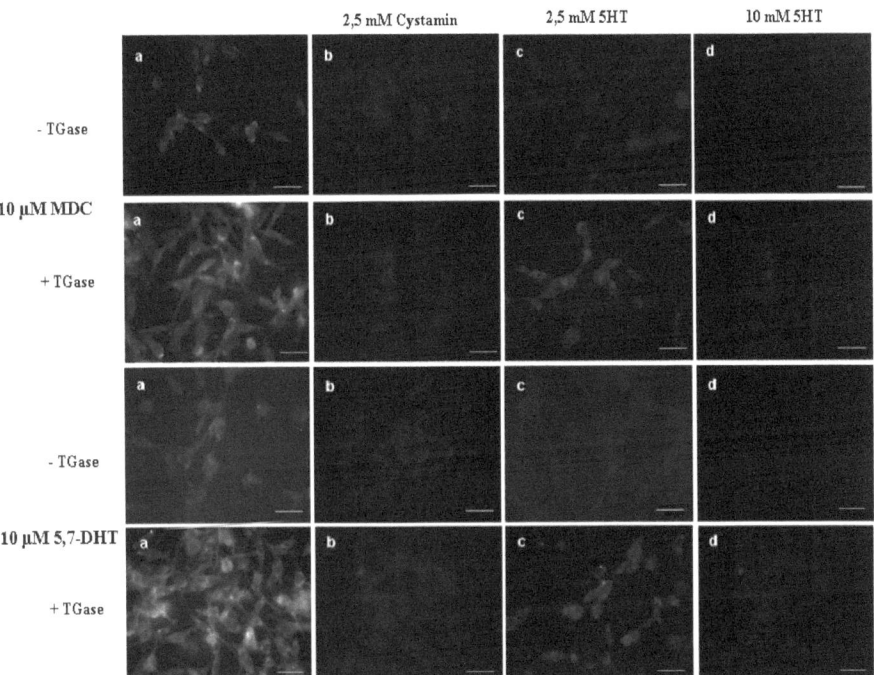

<u>Abbildung 12 :</u> Inkorporation von MDC und 5,7-DHT an extrazelluläres Protein von C6-Glioma-Zellen. Lebende Zellen wurden für 24 Stunden bei 37°C mit 10 µM MDC und 10 µM 5,7-DHT in Ab- (a) und Anwesenheit (b) von 200 mU recombinanter TGase2 inkubiert, im Anschluss wurde die Autofluoreszenz mikroskopisch visualisiert. Weiteren Ansätzen wurde: b) 2,5 mM Cystamin; c) 2,5 mM 5-HT und d) 10 mM 5-HT zugesetzt.

4.3.3. Die Serotonylierung von 5-HT an C6-Glioma-Zellprotein induziert Proteinaggregation

Zur Untersuchung des Effektes der Serotonylierung auf die Proteinexpression bei C6-Glioma-Zellen, wurden diese in An- und Abwesenheit von 10 µM 5-HT, 200 mU recombinanter TGase2 und mit einer Kombination beider über Nacht bei 37°C und 5% CO_2 inkubiert. Die Weiterbehandlung, Anfärbung und Visualisierung des gesamt Proteins, mit Ponceau S, erfolgte wie im Detail unter 3.3.11. beschrieben.

Abbildung 13 zeigt eine Zusammenstellung der Aufnahmen verschiedener Vergrößerungen der Durchlichtmikroskopie, sowie exemplarische fluoreszenzmikroskopische Aufnahmen für die unbehandelten C6-Zellen und C6-Zellen, die mit 5-HT und TGase behandelt wurden. Die durchlichtmikroskopischen Aufnahmen der Ponceau gefärbten Zellen zeigten keine Änderung der Zellmorphologie zwischen unbehandelten und behandelten C6-Glioma-Zellen. Auffällig bei den höheren Vergrößerungen (DL 40x) war die vermehrte Ansammlung von Proteinen bzw. ein verstärktes Proteingeflecht zwischen den Zellen, die mit 5-HT und TGase2 behandelt wurden, im Vergleich zu den unbehandelten Kontrollen (markiert durch Pfeile).

4. Ergebnisse

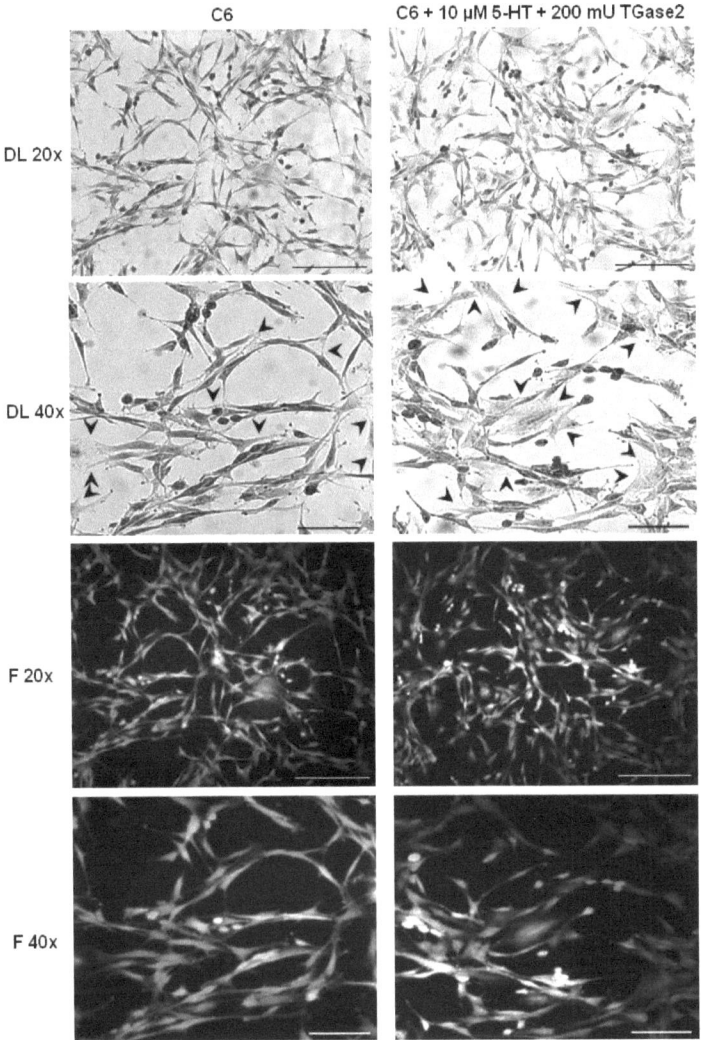

Abbildung 13: Ponceau-Färbung der Serotonylierung von 5-HT an C6-Glioma-Zellprotein. Die linke Reihe zeigt unbehandelte C6-Glioma-Zellen im Vergleich zur rechten Reihe, die mit 200 mU recombinanter TGase2 und 10 µM 5-HT inkubiert wurden. Die Durchlichtmikroskopie (obere zwei Blöcke) zeigte keine morphologische Änderung der Zellen, jedoch eine Aggregation von Proteinen zwischen den Zellen (durch Pfeile in DL 40x markiert). Dieses zeigte sich auch in der fluoreszenzmikroskopischen Betrachtung (unteren zwei Blöcke F 20x und F 40x), Aufnahmen bei einer Extinktion und Emission 450 – 490 nm (rot). Die gegebenen Größenbalken repräsentieren jeweils 100 µm für die 20x Vergrößerung und 50 µm für die 40x Vergrößerung.

Um die Auswirkung der Serotonylierung auf die Proteinexpression bei C6-Glioma-Zellen zu quantifizieren, wurden die Fluoreszenzaufnahmen mittels der analySIS^B Software (Olympus-Soft Imaging Systems, Deutschland) ausgewertet.

Hierfür wurden zur Quantifizierung der extrazellulären Proteine aus drei getrennt voneinander gemachten Experimenten, jeweils mindestens 20 zufällig gewählte Quadranten mit gleicher Größe und vergleichbarer Zelldichte (5-6 Zellen) in Bezug auf ihre Fluoreszenzintensität vermessen, so dass für jeden der vier Ansätze (Kontrolle, nur 10 µM 5HT, nur 200 mU TGase2 und die Kombination beider) mindestens 100 Zellen ausgewertet wurden. Abschließend wurden die ermittelten Intensitäten der Zellen, bezogen auf ihre Fläche, prozentual berechnet, wobei die unbehandelten C6-Glioma-Zellen als 100% angenommen wurden. Die statistische Berechnung und graphische Darstellung als Balkendiagramm wurde mit PRISM GraphPad durchgeführt. Die statistische Berechnung mittels one-way ANOVA (non parametric) ergab sowohl für die Differenzen der Mittelwerte aus den einzelnen Experimenten, als auch für die Differenzen aller Experimente eine hohe Signifikanz $p < 0,001$ (***). In Abbildung 14 sind die Ergebnisse aus den drei einzelnen Experimenten zusammen gefasst, hierbei ergab sich eine prozentuale Zunahme der Fluoreszenzintensitäten und somit der Proteinaggregation an und zwischen den C6-Glioma-Zellen von 15,6 +/- 2,1% für 10 µM 5-HT, 25,7 +/- 2,6 % für 200 mU TGase2 und von 83,7 +/- 4,7 % für die Behandlung der C6-Zellen mit der Kombination von 5-HT und recombinanter TGase2.

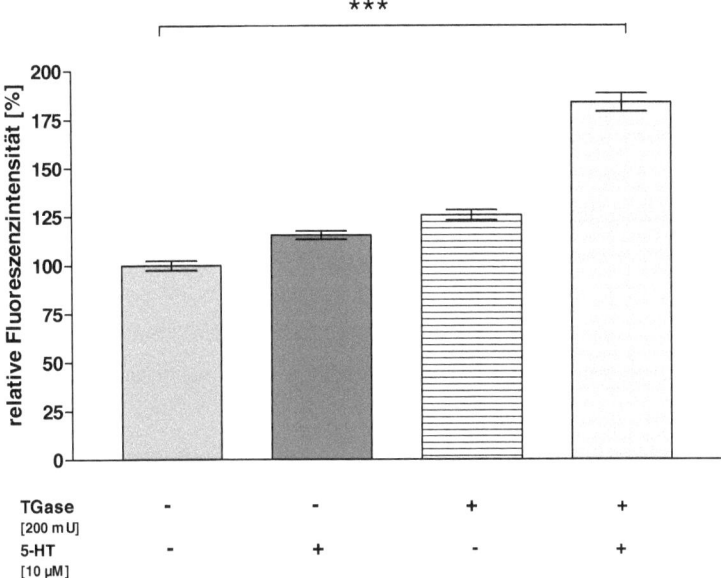

Abbildung 14: Balkendiagramm der Quantifizierung der Serotonylierung von 5-HT an C6-Glioma-Zellprotein durch recombinante TGase2. Dargestellt ist die prozentuale Zunahme der Fluoreszenzintensitäten von drei Experimenten, bezogen auf die vermessenen Quadranten mit jeweils 5-6 Zellen. Die berechneten Differenzen der Zunahme der Intensitäten für diese Darstellung sind: 15,6 +/- 2,1% für 10 µM 5-HT, 25,7 +/- 2,6 % für 200 mU TGase2 und 83,7 +/- 4,7 % für die Behandlung der C6-Zellen mit der Kombination von 5-HT und recombinanter TGase2. Sowohl die Differenzen zwischen den einzelnen Ansätzen als auch der über alle Ansätze ist mit *** ($p < 0,001$) hoch signifikant.

4.3.4. Einfluss der Serotonylierung auf das Wachstum von C6-Glioma-Zellen

Um den Einfluss der Serotonylierung von 5-HT durch TGase2 auf das Zellwachstum von C6-Glioma-Zellen zu ermitteln, wurden 25.000 Zellen pro Well in eine 24 Well-Platte ausplattiert. Die C6-Glioma-Zellen wurden für 8 Stunden bei 37°C und 5% CO_2 inkubiert. Im Anschluss wurden jeweils pro 4 Well in vorgegebener Kombination, 200 mU recombinante TGase2, 500 µM Cystamin und 10 µM bzw. 10 mM 5-HT und TGase2 zum Medium zugegeben. Als Kontrolle wurden 4 Wells ohne weitere Zusätze mitgeführt. Die Proben wurden über Nacht inkubiert und am folgenden Morgen, wie unter 3.3.9. beschrieben, ausgezählt. Das Experiment wurde insgesamt viermal durchgeführt, für die hierbei ermittelten Zellzahlen/mL wurde jeweils der Mittelwert (n=4) und der Standard Fehler des Mittelwertes (S.E.M.) mit PRISM GraphPad berechnet und graphisch dargestellt.

Ein exemplarischer Graph ist in Abbildung 15 gezeigt. Die Mittelwerte aus vier Experimenten ergaben, dass sich im Vergleich zur Kontrolle (A) bei Zusatz von recombinanter TGase2 (D) und 10 µM 5-HT (C) alleine keine signifikanten Unterschiede in den Wachstumsraten zeigten. Bei 500 µM Cystamin (B) war die Wachstumsrate um 55,8% und bei 10 mM 5-HT um 66,9% (bei erhöhter zellschädigender Wirkung) erniedrigt. Beide Substanzen führten somit zu einer signifikanten Inhibition des Zellwachstums. Die Serotonylierung (E), Zugabe von 10 µM 5-HT und 200 mU recombinanter TGase2, führte zu einem um 92,2 % erhöhten Zellwachstum. Zusätzlich zeigte sich, dass 10 mM 5-HT in Gegenwart von recombinanter TGase2 (G), keinen negativen Einfluss auf das Wachstum hatte.

Die recombinante TGase2 hatte in diesen Experimenten eine protektive Wirkung gegenüber des inhibitorischen Effektes von 10 mM 5-HT, die Zellzahl war um 15,5% im Vergleich zur Kontrolle höher und um fast das Dreifache höher als bei nur 10 mM 5-HT (F).

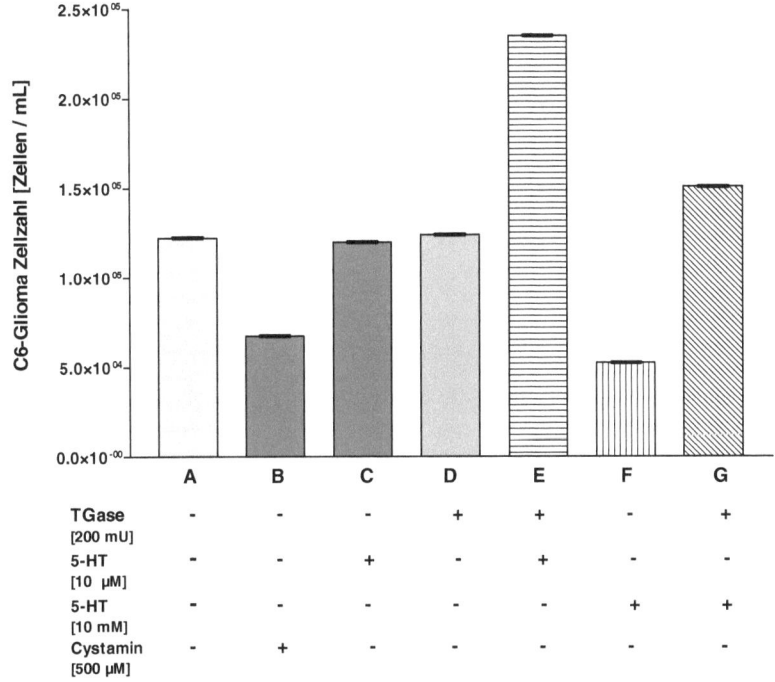

<u>Abbildung 15:</u> **Einfluss der Serotonylierung auf das Zellwachstum von C6-Glioma-Zellen.**
C6-Glioma-Zellen wurden in 24 Well-Platten, a 25.000 Zellen/Well, ausplattiert und für 8 Stunden inkubiert. Im Anschluss folgte die Zugabe von 200 mU recombinanter TGase2 (D, E und G), 10 µM 5-HT (C und E), 10 mM 5-HT (F und G) sowie 500 µM Cystamin (B). Die 24 Well-Platten wurden über Nacht bei 37°C unter 5% CO_2 inkubiert und am folgenden Tag wurde die Zellzahl jedes Wells bestimmt. Es zeigte sich, dass im Vergleich zur Kontrolle (A) bei nur recombinanter TGase2 (D) und 10 µM 5-HT (C) kein Unterschied im Wachstum zu sehen war. Hingegen führte die Zugabe von 500 µM Cystamin (-44,8 %) und 10 mM 5-HT (-57,1 %) zu einer signifikanten Inhibition des Zellwachstums. Die Serotonylierung (E), Zugabe von 5-HT und recombinanter TGase2, führte zu einem um 92,2 % erhöhten Zellwachstum. Zusätzlich zeigte sich, dass recombinante TGase2 auch eine protektive Wirkung gegenüber des inhibitorischen Effektes von 10 mM 5-HT hat, die Zellzahl war hier um 23,3 % im Vergleich zur Kontrolle (G) höher und um fast das Dreifache höher als bei nur 10 mM 5-HT (F).

4.3.5. Visualisierung der TGase2-mediierten Inkorporation von Monodansylcadaverin an extrazelluläres Protein von C6-Glioma-Zellen in der SDS-PAGE

Zur Visualisierung und Identifikation von Zielproteinen der TGase2-mediierten Inkorporation von Monodansylcadavarin (MDC) an C6-Glioma-Zellen, wie unter 4.3.2. fluoreszenzmikroskopisch bereits gezeigt, wurden die entsprechenden Ansätze mittels SDS-PAGE analysiert. Hierfür wurden C6-Glioma-Zellen in 24 Well-Platten ausplattiert, diese über Nacht bei 37°C und 5% CO_2 inkubiert, gefolgt von einer 4 stündigen Inkubation in serumfreiem DMEM/F12-Medium unter Zugabe von 5 mM MDC in An- bzw. Abwesenheit von 200 mU recombinanter TGase2, 20 mM Cystamin und 20 mM bzw. 40 mM 5-HT (Ansätze jeweils im Quadruplikat). Die mit 1x PBS gewaschenen Zellen, wurden mit 30 µL/Well 1x SDS sample buffer mit 10% 2-Mercaptoethanol lysiert, die Quadruplikate wurden gesammelt und in der SDS-PAGE eingesetzt. Die distinkten Proteinbanden der SDS Gele wurden mittels UV-Detektion am Gene Flash (Syngene Bio IMAGING, England) visualisiert. Zusätzlich wurden die Gele, wie unter 3.3.6. beschrieben, Coomassie gefärbt. In Abbildung 16, A ist ein Coomassie gefärbtes Gel, sowie die dazugehörige UV-Aufnahme gezeigt.

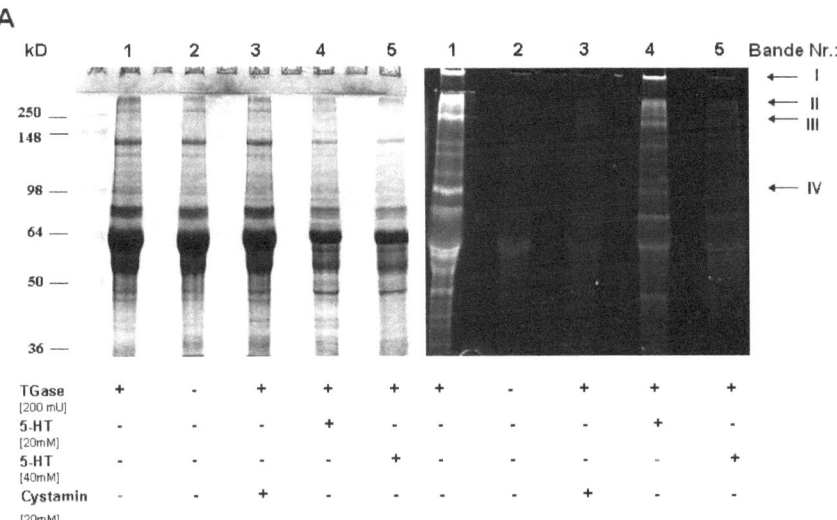

Abbildung 16, A : SDS-PAGE zur Visualisierung der TGase2-mediierten Inkorporation von Monodansylcadaverin (MDC) an extrazelluläres Protein von C6-Glioma-Zellen. Die Zellen wurden mit 5 mM MDC in An-und Abwesenheit von 200 mU recombinanter TGase2, 20 mM Cystamin und 20 mM bzw. 40 mM 5-HT inkubiert (wie oben beschrieben). Links ist das Coomassie gefärbte, rechts das gleiche, aber UV-detektierte Gel dargestellt. Das UV-detektierte Gel zeigt alle mit MDC inkorporierten Proteine. Die durch recombinante TGase2 vermittelte Transamidierung ist in Spur 1 klar zu erkennen, im Vergleich hierzu ist bei der Kontrolle (Spur 2, ohne recombinante TGase2) keine nennenswerte Transamidierung zu erkennen. In Spur 3, wurde die Transamidierung spezifisch durch Cystamin inhibiert. Die Spuren 4 und 5 zeigen eine dosisabhängige Verdrängung von MDC durch 5-HT, das als alternativer Acyl-Akzeptor für die Transamidierung durch TGase2 genutzt wird.

Zur Quantifizierung der Proteinbanden, wurden die unter UV-Licht detektierten Gele mit der analySIS^B Software vermessen. Hierzu wurden distinkte Banden markiert und in Bezug auf ihre Intensitäten miteinander verglichen. Die Banden der Spur 1 (TGase-mediierte Inkorporation von MDC) dienten hierbei als Ausgangswert (entspricht 100%), dem die Banden der anderen Ansätze (Spur 4 und 5, konzentrationsabhängige Verdrängung der Transamidierung durch 5-HT) gegenüber gestellt wurden. Die ermittelten Intensitäten wurden prozentual berechnet und sind als PRISM GraphPad Balkendiagramm in Abbildung 16, B dargestellt. Die Auswertung von vier distinkten Banden zeigte eine dosisabhängige Abnahme/Verdrängung der Transamidierung von MDC an den extrazellulären Proteinen der C6-Glioma-Zellen. Im Einzelnen zeigte sich, bei Bande I (hochmolekulare Proteine, die in der Tasche des Gels zurückgeblieben waren) bei 20 mM 5-HT (Spur 4) eine Verdrängung auf 70,5 +/-4,9% und bei Spur 5 mit 40 mM 5-HT eine Verdrängung auf

35 +/- 5,7 % gegenüber des Ausgangswertes (Spur 1). Die Bande II, bei über 300 kD, wurde mit 20 mM 5-HT auf 72,5 +/- 3,2 % (Spur 4) und mit 40 mM auf 39,9 +/- 2,5 % (Spur 5) des Ausgangsniveaus gesenkt. Bei den zwei weiteren vermessenen Banden, Bande III mit 230 kD und Bande IV bei etwa 98 kD fiel die Verdrängung noch stärker aus. In Spur 4 (20 mM 5-HT) ergab die Messung eine Verdrängung auf 45,4 +/- 2,9 % (Bande 3) und auf 27,8 +/-2,7 % bei Bande 4. Der stärkste ermittelte Rückgang, für die Transamidierung von MDC, war bei den Banden III und IV der Spur 5 (40 mM 5-HT) zu verzeichnen, hier ergab die Analyse einen Rückgang auf 19,3 +/- 3,5 bzw. 10,5 +/- 2,8 % des Ausgangswertes.

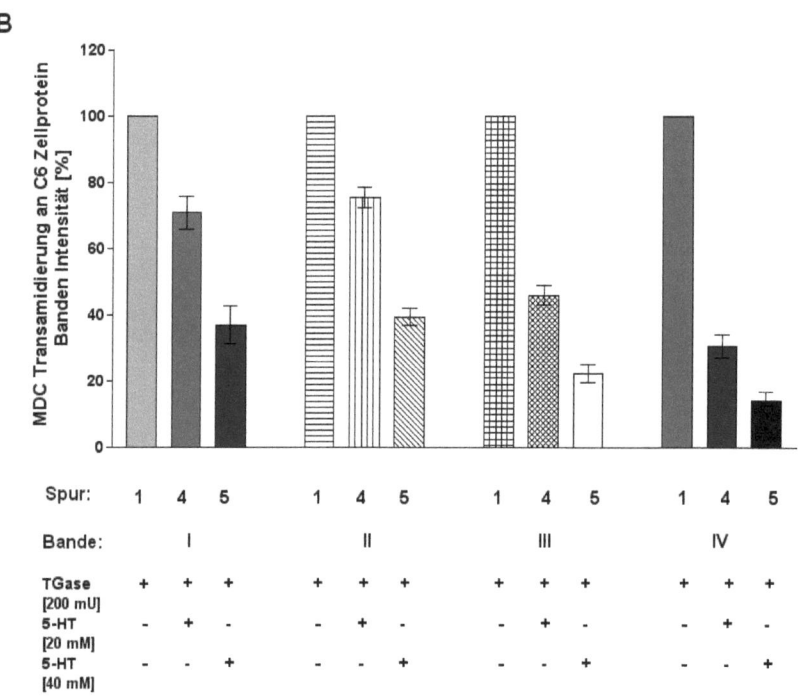

Abbildung 16, B : Quantifizierung von vier MDC transamidierten, distinkten Proteinbanden des UV detektierten SDS-Gels. Die Quantifizierung der vier Banden der drei Gelspuren 1, 4 und 5 erfolgte als prozentuale Berechnung, wobei Spur 1, totale Transamidierung von MDC an extrazelluläre Proteine, als Ausgangswert mit 100% angenommen wurde. Hierbei zeigte sich, dass die Intensität und somit die Transamidierung von MDC, in Abhängigkeit von der 5-HT Dosis (20 mM und 40mM), abnahm.

4.3.6. Identifikation eines Zielproteins der TGase2-mediierten Inkorporation von Monodansylcadaverin

Nach Auswertung der unter 4.3.4. gezeigten Inkorporation von Monodansylcadaverin durch recombinante TGase2, erfolgte die Identifikation eines mit MDC kovalent transamidierten Proteins aus dem Bandenspektrum der SDS-PAGE, das somit als mögliches Zielprotein für eine Serotonylierung infrage kam.

Hierzu war es notwendig das Experiment, wie oben beschrieben (4.3.5.), zu wiederholen mit drei zusätzlichen Ansätzen ohne MDC, mit und ohne TGase2 und 40 mM 5-HT. Die Ansätze wurden, inklusive einer Positivkontrolle mit humanem Fibronectin, auf zwei 7,5 %ige SDS-Gele aufgetragen, um eine bessere Auftrennung der hochmolekularen Proteine zu ermöglichen. Nach der elektrophoretischen Auftrennung der Proteine wurden jeweils ein Gel Coomassie gefärbt und beim Zweiten wurden mittels Westernblot die Proteine auf Nitrocellulose übertragen. Im Anschluss erfolgte die Detektion der Proteine mit Anti-Fibronektin Antikörpern (Sante Cruz C-20), einem der prominentesten und im Zusammenhang mit TGase schon beschriebenen Protein der Extrazellulären Matrix.

Hierbei zeigte sich, dass es sich bei der, unter 4.3.5. (Bande III), mit MDC durch TGase2 inkorporierten Bande, um durch C6-Glioma-Zellen sezerniertes Fibronektin handelt.

In Abbildung 17 A, ist ein Coomassie gefärbtes Gel, sowie die dazugehörige Westernblot-Analyse mittels α-FN Antikörper, gezeigt.

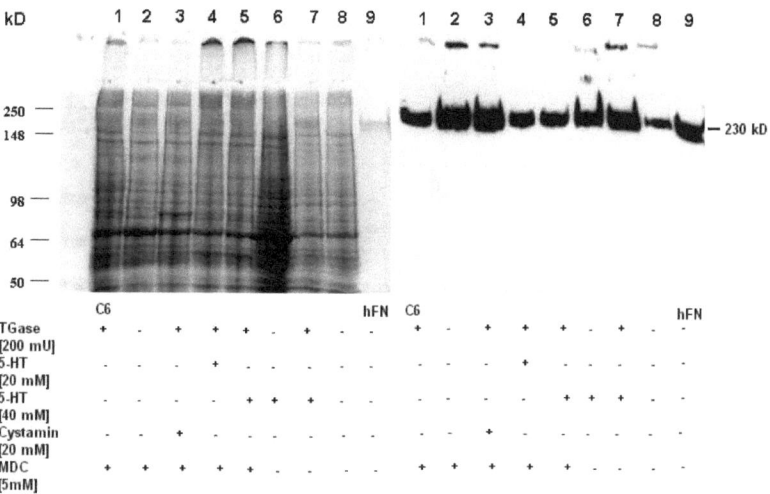

Abbildung 17 A: SDS-PAGE zur Identifizierung eines Zielproteins der TGase2-mediierten Inkorporation von Monodansylcadaverin an extrazelluläres C6-Glioma-Zellprotein. Links ist das Coomassie gefärbte Gel, rechts der Western-Blot mit α-FN Antikörper dargestellt. Die Banden 1-5 entsprechen denen unter 4.3.5., zusätzlich wurden C6-Zellen mit 40 mM 5-HT in Ab- (Bande 6) und Anwesenheit von TGase2 (Bande 7), sowie unbehandelt (Bande 8) aufgetragen. Als Positivkontrolle für den Fibronektin Nachweis wurde auf Bande 9 nur humanes Plasma Fibronektin aufgetragen.

Zum Nachweis endogener TGase in C6-Glioma-Zellen wurden die gleichen Ansätze, inklusive einer Positivkontrolle mit recombinanter TGase2, auf zwei 9 %ige SDS-Gele aufgetragen. Auch hier wurde eines der Gele Coomassie gefärbt und das zweite nach Westernblot mit Anti-TGase2-Antikörper (Santa Cruz, E3) detektiert. Hierbei zeigte sich, dass auch endogene TGase durch C6-Glioma-Zellen sezerniert wird und an der Inkorporation von MDC beteiligt ist.
In Abbildung 17 B, ist ein Coomassie gefärbtes Gel, sowie die dazugehörige Westernblot Analyse mittels α-TGase2-Antikörper, gezeigt.

4. Ergebnisse

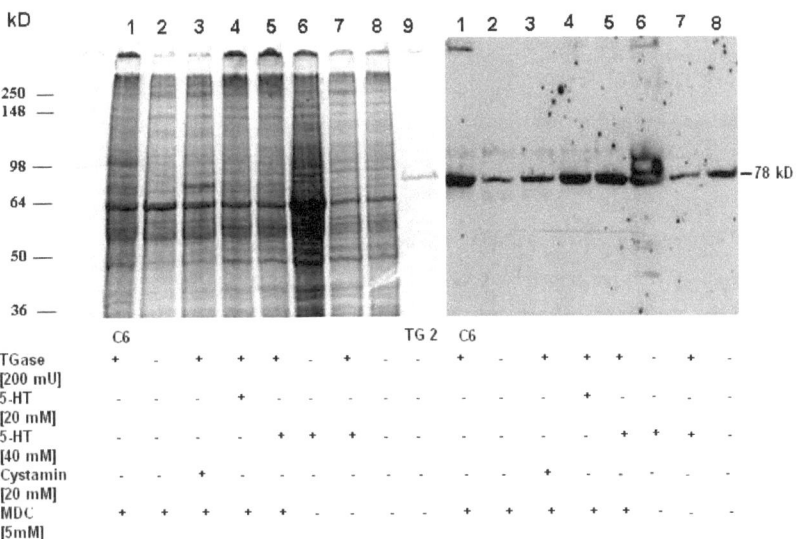

Abbildung 17 B: SDS-PAGE zum Nachweis endogener und recombinanter Transglutaminase bei der TGase2-mediierten Inkorporation von MDC an extrazelluläres C6-Glioma-Zellprotein.
Links ist das Coomassie gefärbte Gel, rechts der Western-Blot mit α-TGase-Antikörper dargestellt. Die Banden 1-5 entsprechen denen unter 4.3.5., zusätzlich wurden C6-Zellen mit 40 mM 5-HT in Ab- (Bande 6) und Anwesenheit von TGase2 (Bande 7), sowie unbehandelt (Bande 8) aufgetragen. Als Positivkontrolle für den Transglutaminase Nachweis wurde auf Bande 9 (Coomassie-Gel) nur recombinante TGase2 aufgetragen.

4.4. Visualisierung und Charakterisierung der TGase2-mediierten Transamidierung von Serotonin an humanes Plasma Fibronektin

Zur genaueren Charakterisierung der TGase2-mediierten Transamidierung von Monoaminen an Proteine der Extrazellulären Matrix wurden die im Folgenden aufgeführten Experimente an Fibronektin durchgeführt, das in den vorangegangenen Versuchen als Zielprotein identifiziert werden konnte. Zuerst wurde hierfür die TGase2-mediierte Inkorporation von Monodansylcadaverin an humanem Plasma Fibronektin untersucht, gefolgt von der biochemisch/ pharmakologischen Bestimmung der Michaelis-Menten Konstante (K_M) und der Inhibitorischen Konzentration (IC_{50}) für die Transamidierung von Serotonin an Fibronektin (Serotonylierung).

4.4.1. Visualisierung der TGase2-mediierten Inkorporation von Monodansylcadaverin an humanem Plasma Fibronektin in der SDS-PAGE

Zur Visualisierung und Analyse der TGase2-mediierten Transamidierung von Monoaminen an Proteine, wurde die Inkorporation von Monodansylcadaverin (MDC) an humanes Plasma Fibronektin untersucht. Hierzu wurde kommerziell erworbenes Fibronektin (Chemicon) anstelle der C6-Glioma-Zellen, im Ansatz identisch zu 4.3.5., eingesetzt und mittels SDS-PAGE analysiert. Die Ansätze mit 10 µg Fibronektin wurden in Eppendorfreaktionsgefäßen unter Zugabe von 5 mM MDC in An- bzw. Abwesenheit von 200 mU recombinanter TGase2, 20 mM Cystamin und 20 mM bzw. 40mM 5-HT in einem Endvolumen von 200 µL mit Transamidierungspuffer für 4 Stunden inkubiert. Die Ansätze wurden anschließend mit 1x SDS sample buffer mit 10% 2-Mercaptoethanol versetzt und in der SDS-PAGE eingesetzt (detaillierte Beschreibung unter 3.3.13.). Die distinkten Proteinbanden der SDS-Gele wurden mittels UV-Detektion am Gene Flash (Syngene Bio IMAGING, England) visualisiert. Zusätzlich wurden die Gele, wie unter 3.3.6. beschrieben, Coomassie gefärbt. In Abbildung 18, A ist ein Coomassie gefärbtes Gel sowie die dazugehörige UV-Aufnahme gezeigt.

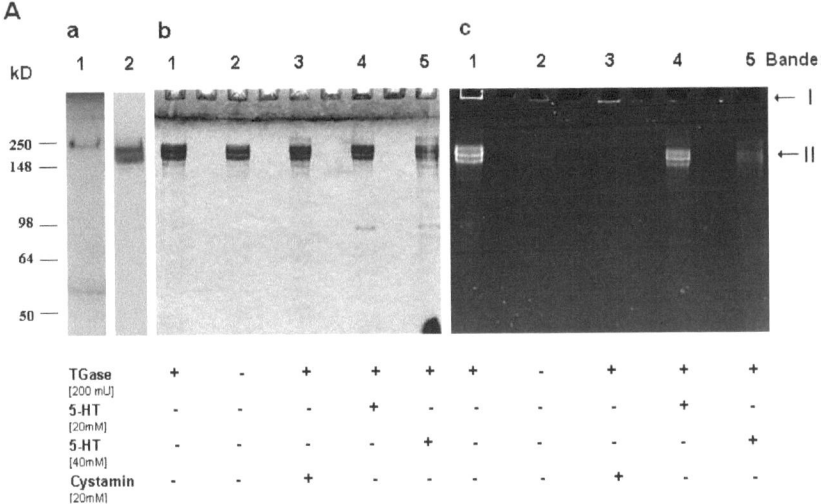

Abbildung 18, A : SDS-PAGE zur Visualisierung der TGase2-mediierten Inkorporation von Monodansylcadaverin an humanes Plasma Fibronektin. Fibronektin wurde mit 5 mM MDC in An- bzw. Abwesenheit von 200 mU recombinanter TGase2, 20 mM Cystamin und 20 mM bzw. 40 mM 5-HT inkubiert (wie oben beschrieben). Links b) ist das Coomassie gefärbte, rechts c) das gleiche, aber UV-detektierte Gel dargestellt. Das UV-detektierte Gel zeigt das mit MDC inkorporierte Fibronektin bei 230 kD. Zur Verdeutlichung, dass es sich hierbei um transamidiertes Fibronektin handelt, ist unter a) der Westernblot mit α-FN Antikörper von 1) Fibronektin aus C6-Glioma-Zellen und unter 2) des humanen Plasma Fibronektins angefügt.
Die durch recombinante TGase2 vermittelte Transamidierung ist in Spur 1 zu erkennen, während bei der Kontrolle (Spur 2, ohne recombinante TGase2), keine Transamidierung zu erkennen ist. In Spur 3, wurde die Transamidierung spezifisch durch Cystamin inhibiert. Die Spuren 4 und 5 zeigen eine dosisabhängige Verdrängung von MDC durch 5-HT.

Zur Quantifizierung der Proteinbanden, wurden die unter UV-Licht detektierten Gele mit der analySIS^B Software vermessen. Hierzu wurden distinkte Banden markiert und in Bezug auf ihre Intensitäten miteinander verglichen. Die Banden der Spur 1 (TGase-mediierte Inkorporation von MDC) dienten hierbei als Ausgangswert (entspricht 100%), dem die Banden der anderen Ansätze (Spur 4 und 5, konzentrationsabhängige Verdrängung der Transamidierung durch 5-HT) gegenüber gestellt wurden. Die ermittelten Intensitäten wurden prozentual berechnet und sind als PRISM GraphPad Balkendiagramm in Abbildung 18, B dargestellt.

Die Auswertung der distinkten Fibronektin Banden bei 230 kD zeigte eine dosisabhängige Verdrängung der Transamidierung von MDC durch 5-HT. Im Einzelnen zeigte sich, bei Bande I (in der Tasche des Gels) mit 20 mM 5-HT (Spur 4) eine Verdrängung auf 18,1 +/-1,4 % und bei Spur 5 mit 40 mM 5-HT eine Verdrängung auf 1,7 +/- 1,3 % des Ausgangswertes (Spur 1). Die Bande II, bei etwa 230 kD, wurde mit 20 mM 5-HT auf 56,8+/- 1,5% (Spur4) und mit 40 mM auf 15,2 +/- 1,4 % (Spur 5) des Ausgangsniveaus gesenkt. Die mit MDC transamidierte Fibronektin Bande ist hier, aufgrund der nicht eindeutigen Trennung, nur als eine Bande berechnet worden, obwohl es sich tatsächlich um zwei Banden bei 230 bzw. 210 kD handelt.

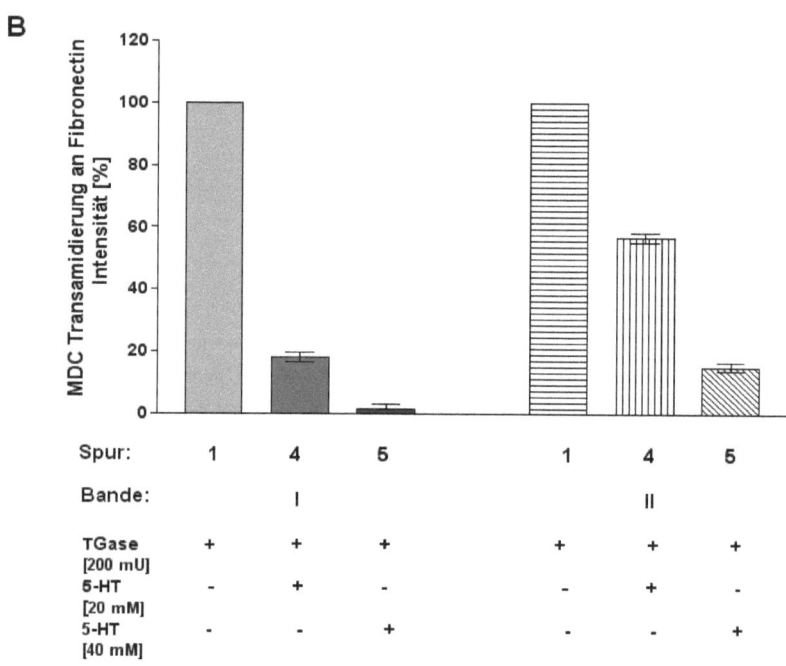

Abbildung 18, B : Quantifizierung von zwei MDC transamidierten, distinkten Proteinbanden des UV-detektierten SDS-Gels. Die Quantifizierung der Banden der drei Gelspuren 1, 4 und 5 erfolgte als prozentuale Berechnung, wobei Spur 1, totale Transamidierung von MDC an humanes Plasma Fibronektin, als Ausgangswert mit 100% angenommen wurde. Hierbei zeigte sich, dass die Intensität und somit die Transamidierung von MDC, in Abhängigkeit von der 5-HT Dosis (20 mM und 40mM), abnahm.

4.4.2. Serotonylierung von [^{3}H]-Serotonin an humanes Plasma Fibronektin und Bovines Serum Albumin (BSA)

Zur Ermittlung der spezifischen Transamidierung durch recombinante Transglutaminase 2 wurden 10 µg Fibronektin und parallel 100 µg BSA mit 200 nM [^{3}H]5-HT in Anwesenheit von 100 mU recombinanter TGase2 mit Transamidierungspuffer für 3 Stunden bei Raumtemperatur inkubiert. Die nach Auswertung der Szintillationsmessung des Filterassays ermittelten Werte repräsentieren sowohl die totale Bindung, als auch die durch TGase2 vermittelte Transamidierung von [^{3}H]5-HT an Fibronektin (Abb. 18). Zur Bestimmung der unspezifischen Bindung von [^{3}H]5-HT an Fibronektin, wurde derselbe Ansatz, in Anwesenheit von 500 µM unmarkiertem 5-HT parallel mitgeführt (B). Des Weiteren wurde zur Bestimmung der totalen und unspezifischen Bindung, jeweils ein Ansatz ohne recombinante TGase2, in Ab- (C) und Anwesenheit (D) von 500 µM unmarkiertem 5-HT mitgeführt. (E) stellt die totale Bindung von [^{3}H]5-HT an Fibronektin unter Inhibition der recombinanten TGase2, durch Zugabe von 500 µM Cystamin dar. Zur Ermittlung der unspezifischen Bindung von [^{3}H]5-HT, sowie der Wirkung von Cystamin auf diese, wurde ein Ansatz ohne recombinante TGase2 mit 500 µM Cystamin und 5-HT mitgeführt (F). Alle Ansätze wurden als Triplikate bestimmt.

Abbildung 19 (A – F) zeigt ein repräsentatives Experiment der durch recombinante TGase2-mediierten Serotonylierung von [^{3}H]5-HT an humanes Plasma Fibronektin. Die Balken G-K zeigen ein repräsentatives Kontrollexperiment (vergleichbar mit den Ansätzen A – C und E) für 100µg Bovines Serum Albumin (BSA). Die spezifische Transamidierung durch recombinante TGase2 ist berechnet als Differenz zwischen A (totaler Bindung und Transamidierung durch recombinante TGase) und C (totaler Bindung). Der Mittelwert aus 4 Experimenten ergab 25,77 +/- 0,59 pmol/mg bei Fibronektin. Die vergleichbaren Kontrollexperimente an BSA (Abb. 18, G – K), ergaben eine Transamidierungsrate von 0,32 +/- 0,01 pmol/mg Protein.

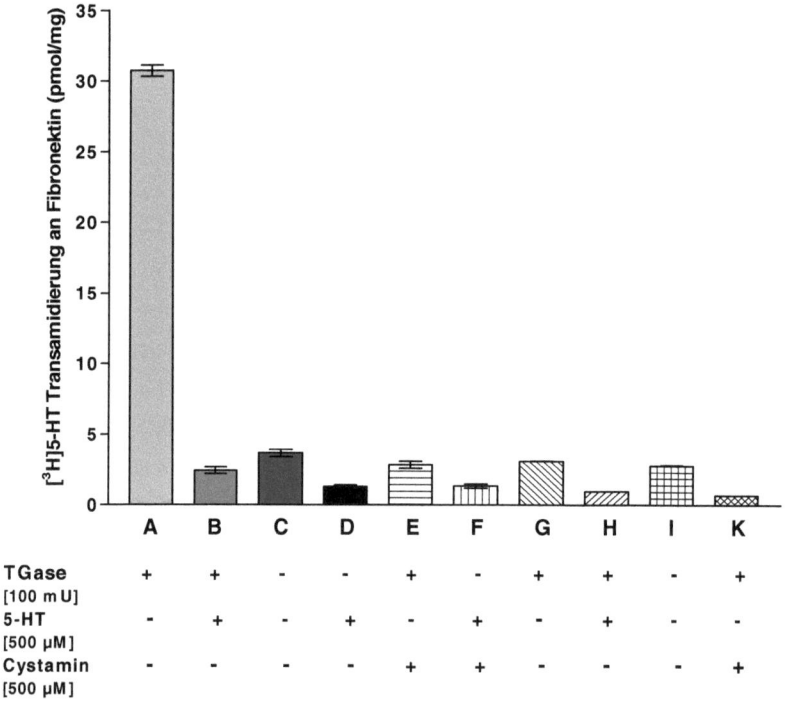

Abbildung 19: Bindung und Transamidierung von [^{3}H]5-HT an humanes Plasma Fibronektin und Bovines Serum Albumin (BSA).

10 μg Fibronektin wurde mit 200 nM [^{3}H]5-HT in An- (A) und Abwesenheit (C) von 100 mU recombinanter TGase2, für 3 Stunden bei Raumtemperatur, inkubiert. In B und D wurde 500 μM unmarkiertes 5-HT zur Bestimmung der unspezifischen Bindung und Transamidierung zugegeben. In Ansatz E wurde zur Bestimmung der spezifischen und unspezifischen Bindung 500 μM Cystamin als Inhibitor der recombinanten TGase2 zugegeben. Ansatz F stellt die unspezifische Bindung unter Inhibition durch 500 μM Cystamin und 5-HT dar. In diesem exemplarischen Experiment ergab die spezifische Transamidierung durch recombinante TGase2, berechnet als Differenz aus A (totaler Bindung und Transamidierung durch recombinante TGase) und C (totaler Bindung), 27,07+/- 0,47 pmol/mg.

Als Kontrollexperimente wurde der Versuch mit 100 μg BSA parallel durchgeführt. Die Balken G – I und K entsprechen somit den Balken A – C und E. In diesem exemplarischen Experiment ergab die spezifische Transamidierung durch recombinante TGase2, berechnet als Differenz aus G (totaler Bindung und Transamidierung durch recombinante TGase) und I (totaler Bindung), 0,31 +/- 0,03 pmol/mg Protein.

4.4.3. Sättigungsanalyse für die TGase2-mediierte Transamidierung von [^{3}H]-Serotonin an humanem Plasma Fibronektin

Zur genauen Ermittlung der Michaelis-Menten-Konstante (K_M) und der maximalen Transamidierungsrate (V_{max}) wurden drei Sättigungsanalysen für die durch TGase–mediierte Transamidierung von [^{3}H]5-HT an humanes Plasma Fibronektin durchgeführt.
Hierfür wurden 4 Verdünnungsstufen mit Konzentrationen von 30 – 1000 nM [^{3}H]5-HT (28,1 Ci/mmol), in An- und Abwesenheit von 100 mU recombinanter TGase2, mit 10 µg Fibronektin (Ansätze im Triplikat), inkubiert.
Die nach Auswertung der Szintillationsmessung des Filterassays ermittelten Werte repräsentieren sowohl die unspezifische Bindung (♦), in Abwesenheit von recombinanter TGase2, als auch die unspezifische Bindung und Transamidierung in Anwesenheit von recombinanter TGase2 (■). Die spezifische Transamidierung (▼), von [^{3}H]5-HT an Fibronektin, mediiert durch TGase2 ist als Differenz aus diesen beiden berechnet und ergab als Mittelwert aus den drei Experimenten (n = 3) für die K_M = 272,0 +/- 44,3 nM mit einer V_{max} von 85,0 +/- 5,6 pmol/ mg. Abbildung 20 ist die graphische Darstellung eines exemplarischen Sättigungsassays.

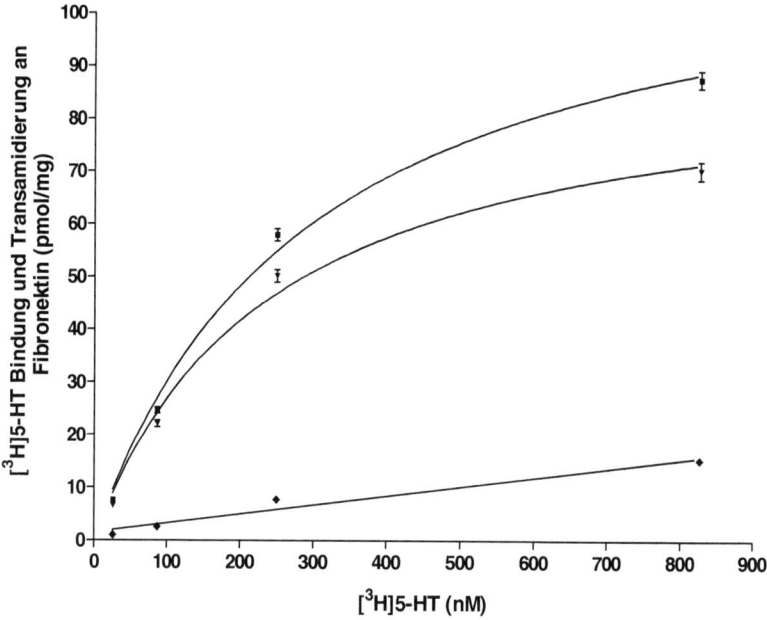

Abbildung 220: Sättigungsanalyse der TGase2-mediierten Transamidierung von [^{3}H]5-HT an humanes Plasma Fibronektin. Im Graphen sind sowohl die unspezifische Bindung in Abwesenheit von TGase2 (♦), die unspezifische Bindung und Transamidierung in Anwesenheit von TGase2 (■), so wie die aus ihnen resultierende spezifische Transamidierung (▼) dargestellt. Die Werte dieser Analyse sind: K_M = 242,7 +/- 53,5 nM und V_{max} = 92,4 +/- 7,8 pmol/mg

4.4.4. Bestimmung der Inhibitionskonzentration (IC$_{50}$) der spezifischen Transamidierung von [^{3}H]-Serotonin an Fibronektin durch unmarkiertes 5-HT

Zur Ermittlung der Inhibitionskonzentration (IC$_{50}$), wurden jeweils 8 Messpunkte im Triplikat bestimmt. Hierfür wurden Ansätze bei einer festen Konzentration [^{3}H]5-HT von 250 nM und 10 µg Fibronektin in Anwesenheit von 100 mU rekombinanter TGase2 mit 8 Verdünnungen von unmarkiertem 5-HT (0 bis 2000 nM) für 3 Stunden bei Raumtemperatur inkubiert. Parallel wurde ein Ansatz ohne rekombinante TGase2 mitgeführt, der die unspezifische Bindung von [^{3}H]5-HT an Fibronektin repräsentierte. Die durch die Szintillationsmessung des Filterassays ermittelten

Werte repräsentieren sowohl die unspezifische Bindung in Abwesenheit von recombinanter TGase2, als auch die für die Inhibition der unspezifischen Bindung und Transamidierung in Anwesenheit von recombinanter TGase2. Zur Berechnung der Inhibitionskonzentration (IC_{50}) für die spezifische Transamidierung wurde von jedem Ansatz mit recombinanter TGase2 der Wert für die unspezifische Bindung abgezogen.

Das Experiment wurde drei Mal unabhängig voneinander wiederholt, der hieraus resultierende Mittelwert für die IC_{50} Bestimmung ergab 561,1 +/- 1,2 nM. In Abbildung 21 ist ein exemplarisches Experiment der drei Messungen dargestellt. Die Berechnung der Inhibitorischen Konstante (K_I) nach Cheng-Prusoff ergab 280 nM und entsprach damit der Michealis-Menten-Konstante (K_M = 272,0 nM).

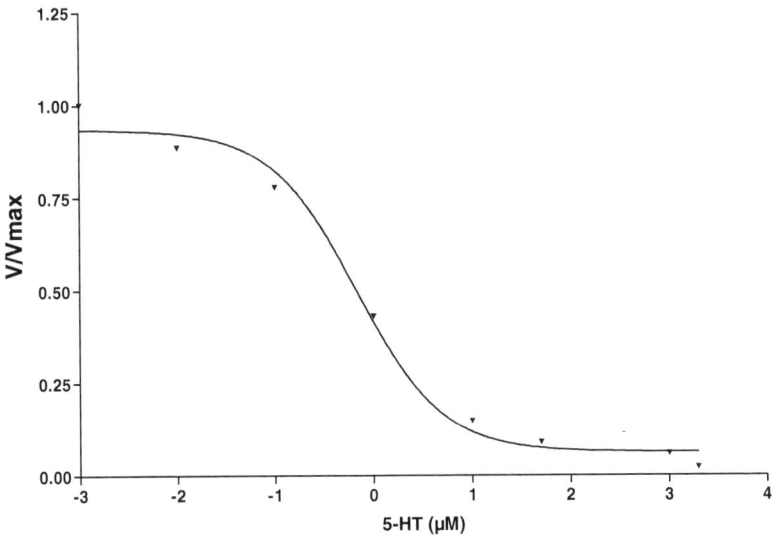

Abbildung 20: Inhibition der spezifischen Transamidierung von [^{3}H]5-HT an Fibronektin durch unmarkiertes 5-HT. Der ermittelte Wert ist für diese IC50 = 549,4 +/- 1,0 nM und für die K_I = 274,7 nM.

4.4.5. Bestimmung der Inhibitionskonzentration (IC_{50}) der spezifischen Transamidierung von [^{3}H]-Serotonin an Fibronektin durch unmarkiertes Dopamin und Noradrenalin

Zur Ermittlung, ob die Transamidierung von [^{3}H]5-HT an humanes Plasma Fibronektin auch durch andere Monoamine inhibierbar ist und diese somit auch als Acyl-Akzeptoren, für die Transglutaminase 2 in Frage kommen, wurde im folgenden die Inhibitionskonzentration (IC_{50}) für Dopamin (DA) und Noradrenalin (NA) bestimmt. Hierzu wurden Experimente, wie unter 4.3.8. beschrieben, durchgeführt. Für die Ansätze mit DA und NA wurden 10 µg Fibronektin bei einer festen Konzentration von 250 nM [^{3}H]5-HT in Anwesenheit von 100 mU recombinanter TGase2 mit jeweils 8 Verdünnungsstufen von unmarkiertem DA (0 bis 1000 nM) und NA (0 bis 4000 nM) für 3 Stunden bei Raumtemperatur inkubiert. Parallel wurde ein Ansatz ohne recombinante TGase3 mitgeführt, der die unspezifische Bindung von [^{3}H]5-HT an Fibronektin repräsentierte. Die nach der Szintillationsmessung des Filterassays ermittelten Werte wurden, wie unter 4.3.8. beschrieben, zur Ermittlung der Inhibitionskonzentration (IC_{50}) für die spezifische Transamidierung berechnet.

Beide Experimente wurden drei Mal unabhängig voneinander wiederholt, der hieraus resultierende Mittelwerten für die IC_{50} von DA war 235,5 +/- 0,1 nM und für NA 259,1 +/- 0,2 nM. In Abbildung 22 ist ein exemplarisches Experiment für Dopamin und in Abbildung 23 eines für Noradrenalin dargestellt.

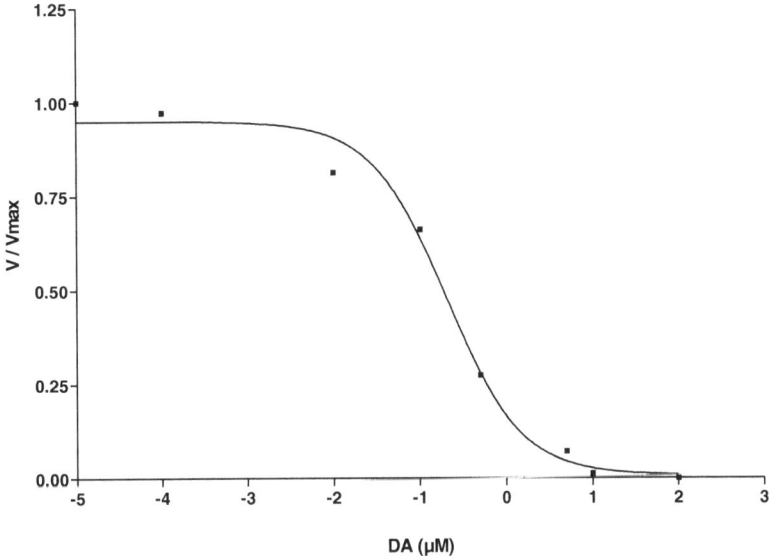

Abbildung 22: Inhibition der spezifischen Transamidierung von [^{3}H]5-HT an Fibronektin durch unmarkiertes DA. Der ermittelte Wert ist für die IC50 = 224,7 +/- 0,1 nM.

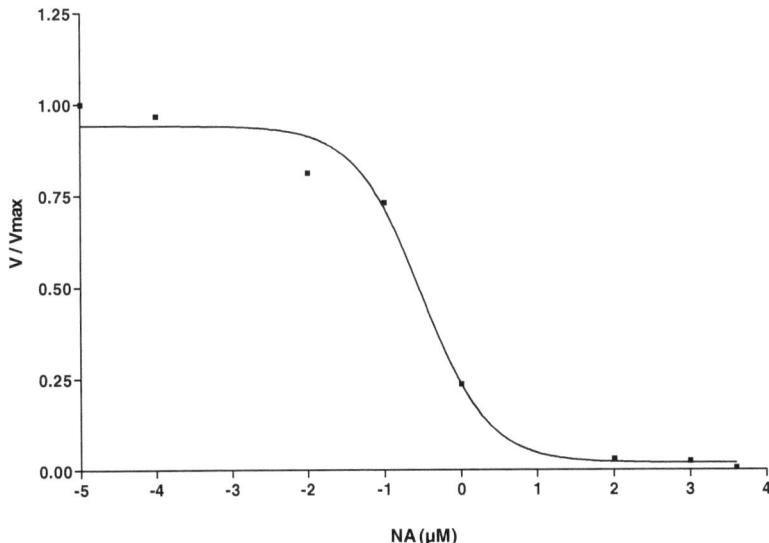

Abbildung 23: Inhibition der spezifischen Transamidierung von [^{3}H]5-HT an Fibronektin durch unmarkiertes NA. Der ermittelte Wert ist für die IC50 = 256,6 +/- 0,1 nM.

4.5. Charakterisierung der TGase2-mediierten Monoaminylierung von Dopamin und Noradrenalin an humanes Plasma Fibronektin

Die Ergebnisse unter 4.4. zeigten, dass sowohl Monodansylcadaverin als auch Serotonin an Fibronektin transamidiert werden konnten und dass die Serotonylierung durch Dopamin und Noradrenalin inhibierbar war. Dieses legte die Schlussfolgerung nahe, dass nicht nur MDC und Serotonin als Acyl-Akzeptoren für die TGase2 dienen, sondern auch weitere Monoamine, was auf den Mechanismus der Monoaminylierung schließen ließe. Zur Überprüfung dieser These wurde im Folgenden die Transamidierung von Dopamin und Noradrenalin an Fibronektin untersucht. Zur genauen Charakterisierung wurden sowohl die Michaelis-Menten Konstanten (K_M), sowie die Inhibitorischen Konzentration (IC_{50}) bestimmt.

4.5.1. Transamidierung von [^{3}H]-Dopamin an humanes Plasma Fibronektin

Nachweis der Transamidierung von [^{3}H]-Dopamin an humanes Plasma Fibronektin durch recombinante Transglutaminase 2. Zur Ermittlung der spezifischen Transamidierung durch recombinante Transglutaminase 2 wurden 10 µg Fibronektin mit 200 nM [^{3}H]-DA in Anwesenheit von 100 mU recombinanter TGase2 mit Transamidierungspuffer für 3 Stunden bei Raumtemperatur inkubiert.

Die so, nach Auswertung der Szintillationsmessung des Filterassays, ermittelten Werte repräsentieren sowohl die totale Bindung, als auch die durch TGase vermittelte Transamidierung von [^{3}H]-DA an Fibronektin (Abb. 24, A).

Zur Bestimmung der unspezifischen Bindung von [^{3}H]-DA an Fibronektin wurde derselbe Ansatz, in Anwesenheit von 500 µM unmarkiertem DA, parallel mitgeführt (B). Des Weiteren wurde zur Bestimmung der totalen und unspezifischen Bindung, jeweils ein Ansatz ohne recombinante TGase2 in Ab- (C) und Anwesenheit (D) von 500 µM unmarkiertem DA mitgeführt. Balken E stellt die totale Bindung von [^{3}H]-DA an Fibronektin unter Inhibition der recombinanten TGase2, durch Zugabe von 500 µM Cystamin dar. Zur Ermittlung der unspezifischen Bindung von [^{3}H]-DA, sowie der Wirkung von Cystamin auf diese, wurde ein Ansatz ohne recombinante TGase2 mit 500 µM Cystamin und DA mitgeführt, dieser ist in Balken F dargestellt. Alle Ansätze wurden im Triplett bestimmt.

Abbildung 24 zeigt ein repräsentatives Experiment der durch recombinante TGase2-mediierten Transamidierung von [^{3}H]-DA an humanes Plasma Fibronektin. Die spezifische Transamidierung durch recombinante TGase2 ist berechnet als Differenz zwischen A (totaler Bindung und

Transamidierung durch recombinante TGase) und C (totaler Bindung). Der Mittelwert aus 4 Experimenten ergab 103,8 +/- 1,4 pmol/mg für die spezifische Transamidierung.

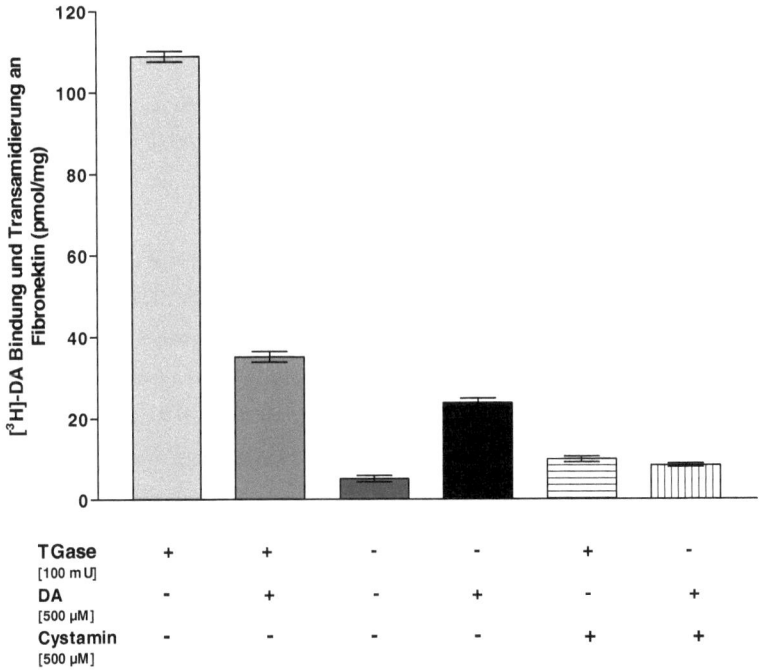

Abbildung 24: Bindung und Transamidierung von [^{3}H]-DA an humanes Plasma Fibronektin.
Fibronektin wurde mit 200 nM [^{3}H]-DA in An- (Balken A) und Abwesenheit (BalkenC) von 100 mU recombinanter TGase2 für 3 Stunden bei Raumtemperatur, inkubiert. In Balken B und D wurden 500 µM unmarkiertes DA zur Bestimmung der unspezifischen Bindung und Transamidierung, zugegeben. In Balken E wurde, zur Bestimmung der spezifischen und unspezifischen Bindung 500 µM Cystamin als Inhibitor der recombinanten TGase2 zugegeben. Balken F stellt die unspezifische Bindung, unter Inhibition durch 500 µM Cystamin und DA dar. In diesem exemplarischen Experiment ergab die spezifische Transamidierung durch recombinante TGase2, berechnet als Differenz aus A (totaler Bindung und Transamidierung durch recombinante TGase) und C (totaler Bindung), 102,3 +/- 1,2 pmol/mg.

4.5.2. Sättigungsanalyse für die TGase-mediierte Transamidierung von [^{3}H]-Dopamin an humanem Plasma Fibronektin

Zur genauen Ermittlung der Michaelis-Menten-Konstante (K_M) und der maximalen Transamidierungsrate (V_{max}) wurden drei Sättigungsanalyse für die durch TGase2–mediierte Transamidierung von [^{3}H]-DA an humanes Plasma Fibronektin durchgeführt.

Hierfür wurden 6 Verdünnungsstufen mit Konzentrationen von 5 – 1000 nM [^{3}H]-DA (42 Ci/mmol), in An- und Abwesenheit von 100 mU recombinanter TGase2, mit 10 µg Fibronektin (Ansätze im Triplikat), inkubiert.

Die nach Auswertung der Szintillationsmessung des Filterassays ermittelten Werte repräsentieren sowohl die unspezifische Bindung (♦) in Abwesenheit von recombinanter TGase2, als auch die unspezifische Bindung und Transamidierung in Anwesenheit von recombinanter TGase2 (■). Die spezifische Transamidierung (▼) von [^{3}H]-DA an Fibronektin mediiert durch TGase2 ist als Differenz aus diesen beiden berechnet und ergab als Mittelwert aus den drei Experimenten (n = 3) für die K_M = 448,2 +/- 35,6 nM mit einer V_{max} von 431,1 +/- 14,8 pmol/mg. Abbildung 25 ist die graphische Darstellung einer exemplarischen Sättigungsanalyse.

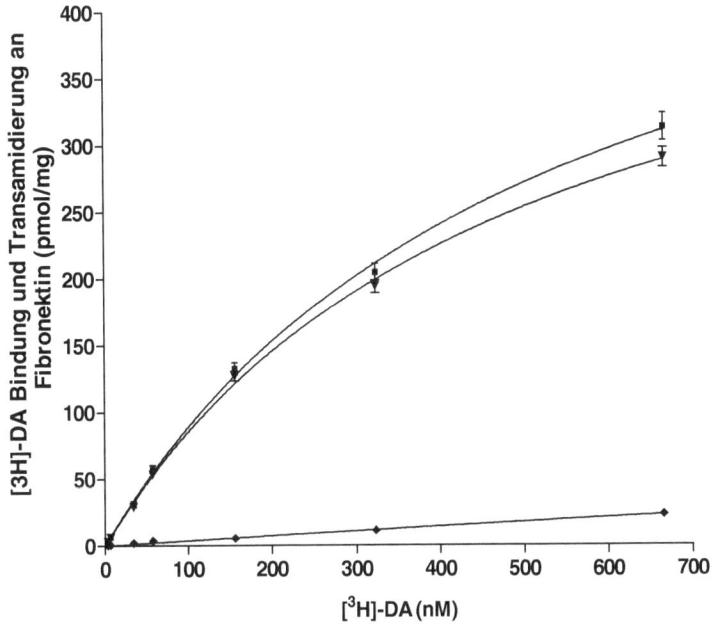

Abbildung 25: Sättigungsanalyse der durch recombinanter TGase2-mediierten Transamidierung von [^{3}H]-DA an humanes Plasma Fibronektin. Im Graphen sind sowohl die unspezifische Bindung in Abwesenheit von TGase2 (♦), die unspezifische Bindung und Transamidierung in Anwesenheit von TGase2 (■), so wie die aus ihnen resultierende spezifische Transamidierung (▼) dargestellt. Die Werte dieses Assays sind: K_M = 434,4 +/- 39,6 nM und Vmax = 391,5 +/- 17,5 pmol/mg.

4.5.3. Bestimmung der Inhibitionskonzentration (IC_{50}) der spezifischen Transamidierung von [^{3}H]-Dopamin an Fibronektin durch unmarkiertes DA

Zur Ermittlung der Inhibitionskonzentration (IC_{50}), wurden jeweils 8 Messpunkte im Triplikat bestimmt. Hierfür wurden Ansätze bei einer festen Konzentration [^{3}H]DA von 500 nM und 10 µg Fibronektin in Anwesenheit von 100 mU recombinanter TGase2 mit 9 Verdünnungen von unmarkiertem DA (0 bis 1000 nM) für 3 Stunden bei Raumtemperatur inkubiert. Parallel wurde ein Ansatz ohne recombinante TGase2 mitgeführt, der die unspezifische Bindung von DA an Fibronektin repräsentierte.

Die durch die Szintillationsmessung des Filterassays ermittelten Werte repräsentieren sowohl die unspezifische Bindung in Abwesenheit von recombinanter TGase2, als auch die für die Inhibition der unspezifischen Bindung und Transamidierung in Anwesenheit von recombinanter TGase2. Zur Berechnung der Inhibitionskonzentration (IC_{50}) für die spezifische Transamidierung wurde von jedem Ansatz mit recombinanter TGase2 der Wert für die unspezifische Bindung abgezogen. Das Experiment wurde drei Mal unabhängig voneinander wiederholt, der hieraus resultierende Mittelwert, ergab für die IC_{50} 989,4 +/- 0,1 nM. Die Berechnung der Inhibitorischen Konstante (K_I) nach Cheng-Prusoff ergab 467 nM und entsprach damit der Michealis-Menten-Konstante (K_M = 448 nM). In Abbildung 26 ist ein exemplarisches Experiment der drei Messungen dargestellt.

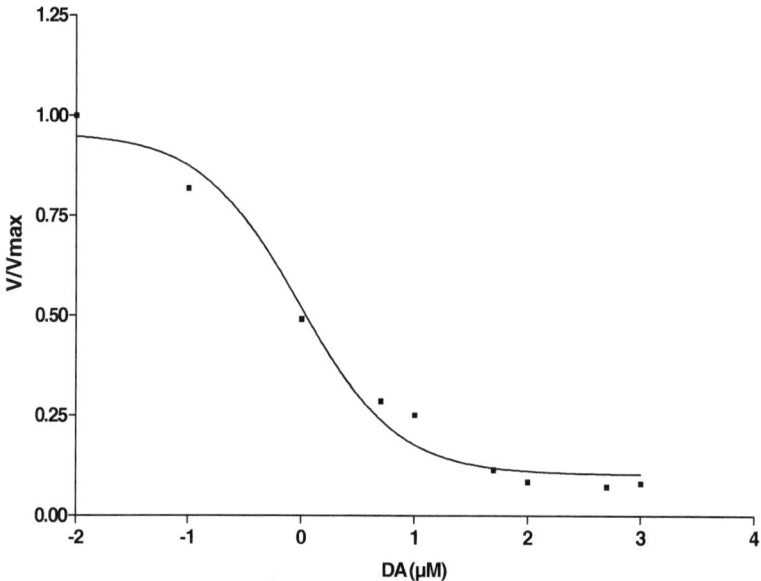

<u>Abbildung 26:</u> Inhibition der spezifischen Transamidierung von [^{3}H]-DA an Fibronektin durch unmarkiertes DA. Der ermittelte Wert ist für die IC50 = 953,5 +/- 0,1 nM und für die K_I = 450,7 nM.

4.5.4. Bestimmung der Inhibitionskonzentration (IC_{50}) der spezifischen Transamidierung von [^{3}H]-Dopamin an Fibronektin durch unmarkiertes Serotonin und Noradrenalin

Zur Ermittlung, ob die Transamidierung von [^{3}H]-DA an humanes Plasma Fibronektin auch durch andere Monoamine inhibierbar ist, wurde im Folgenden die Inhibitionskonzentration (IC_{50}) für Serotonin (5-HT) und Noradrenalin (NA) bestimmt. Hierzu wurden Experimente, wie unter 4.4.5. beschrieben, durchgeführt. Für die Ansätze mit 5-HT und NA wurden jeweils 10 µg

4. Ergebnisse

Fibronektin bei einer festen Konzentration von 500 nM [^{3}H]-DA in Anwesenheit von 100 mU recombinanter TGase2 mit jeweils 10 Verdünnungsstufen von unmarkiertem 5-HT (0 bis 8000 µM) und NA (0 bis 8000 µM) für 3 Stunden bei Raumtemperatur inkubiert. Parallel wurde ein Ansatz ohne recombinante TGase2 mitgeführt, der die unspezifische Bindung von [^{3}H]-DA an Fibronektin repräsentierte.

Die nach der Szintillationsmessung des Filterassays ermittelten Werte, wurden wie unter 4.4.5. beschrieben, zur Bestimmung der Inhibitionskonzentration (IC$_{50}$) für die spezifische Transamidierung berechnet. Beide Experimente wurden drei Mal unabhängig voneinander wiederholt, der hieraus resultierende Mittelwerten für die IC$_{50}$ von 5-HT war 2,2 +/- 0,2 mM und für NA 50,6 +/- 0,6 µM. In Abbildung 27 ist ein exemplarisches Experiment für Serotonin und in Abbildung 28 eines für Noradrenalin dargestellt.

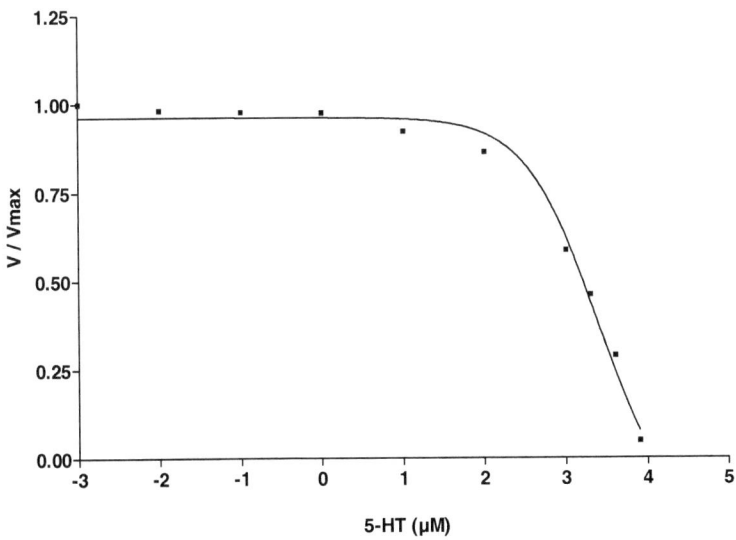

Abbildung 27: Inhibition der spezifischen Transamidierung von [^{3}H]-DA an Fibronektin durch unmarkiertes 5-HT. Der ermittelte Wert für die IC50 ist 2,3 +/- 0,1 mM

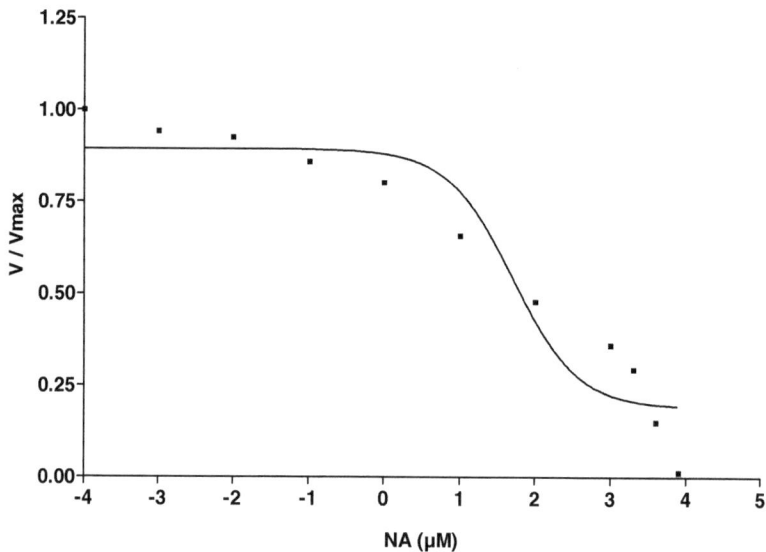

Abbildung 28: Inhibition der spezifischen Transamidierung von [^{3}H]-DA an Fibronektin durch unmarkiertes NA. Der ermittelte Wert für die IC50 ist 51,9 +/- 0,3 µM

4.5.5. Transamidierung von [^{3}H]-Noradrenalin an humanes Plasma Fibronektin

Nachweis der Transamidierung von [^{3}H]-Noradrenalin an humanes Plasma Fibronektin durch recombinante Transglutaminase 2. Zur Ermittlung der spezifischen Transamidierung wurden 10 µg Fibronektin mit 200 nM [^{3}H]-NA in Anwesenheit von 100 mU recombinanter TGase2 mit Transamidierungspuffer für 3 Stunden bei Raumtemperatur inkubiert. Die so, nach Auswertung der Szintillationsmessung des Filterassays, ermittelten Werte repräsentieren sowohl die totale Bindung, als auch die durch TGase vermittelte Transamidierung von [^{3}H]-NA an Fibronektin (Abb. 28, A). Zur Bestimmung der unspezifischen Bindung von [^{3}H]-NA an Fibronektin wurde derselbe Ansatz, in Anwesenheit von 500 µM unmarkiertem NA, parallel mitgeführt (B). Des Weiteren wurde zur Bestimmung der totalen und unspezifischen Bindung, jeweils ein Ansatz ohne recombinante TGase2 in Ab- (C) und Anwesenheit (D) von 500 µM unmarkiertem NA mitgeführt. Balken E stellt die totale Bindung von [^{3}H]-NA an Fibronektin unter Inhibition der recombinanten TGase2, durch Zugabe von 500 µM Cystamin dar. Zur Ermittlung der unspezifischen Bindung von [^{3}H]-NA, sowie der Wirkung von Cystamin auf diese, wurde ein Ansatz ohne recombinante TGase2 mit

500 µM Cystamin und DA mitgeführt, dieser ist in Balken F dargestellt. Alle Ansätze wurden im Triplett bestimmt.

Abbildung 29 zeigt ein repräsentatives Experiment der durch recombinante TGase2-mediierten Transamidierung von [^{3}H]-NA an humanes Plasma Fibronektin. Die spezifische Transamidierung durch recombinante TGase2 ist berechnet als Differenz zwischen A (totaler Bindung und Transamidierung durch recombinante TGase) und C (totaler Bindung). Der Mittelwert aus 4 Experimenten ergab 45,8 +/- 0,21 pmol/mg für die spezifische Transamidierung.

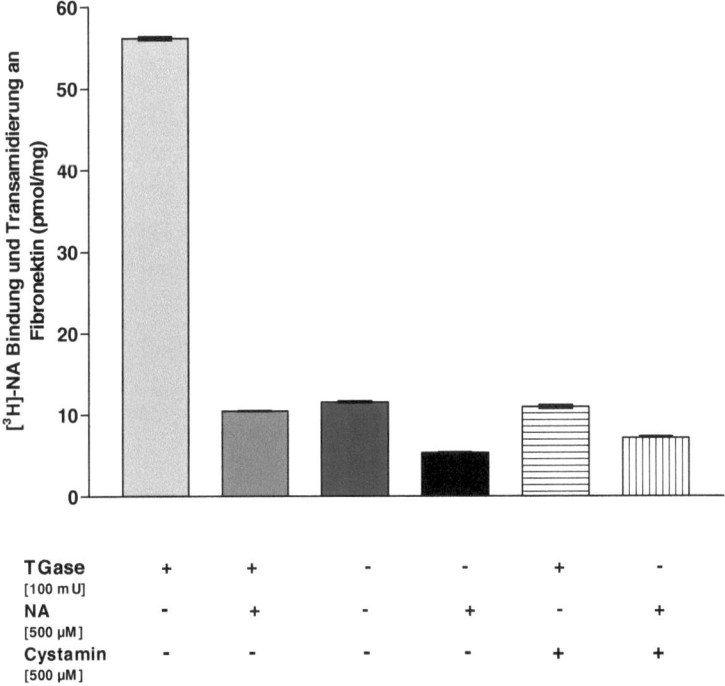

Abbildung 29: Bindung und Transamidierung von [^{3}H]-NA an humanes Plasma Fibronektin.
Fibronektin wurden mit 200 nM [^{3}H]-NA in An- (Balken A) und Abwesenheit (Balken C) von 100 mU recombinanter TGase2 für 3 Stunden bei Raumtemperatur, inkubiert. In Balken B und D wurden 500 µM unmarkiertes NA zur Bestimmung der unspezifischen Bindung und Transamidierung, zugegeben. In Balken E wurde zur Bestimmung der spezifischen und unspezifischen Bindung 500 µM Cystamin als Inhibitor der recombinanten TGase2 zugegeben. Balken F stellt die unspezifische Bindung unter Inhibition durch 500 µM Cystamin und NA dar. In diesem exemplarischen Experiment ergab die spezifische Transamidierung durch recombinante TGase2, berechnet als Differenz aus A (totaler Bindung und Transamidierung durch recombinante TGase) und C (totaler Bindung), 44,55 +/- 0,19 pmol/mg.

4.5.6. Sättigungsanalyse für die TGase2-mediierte Transamidierung von [^{3}H]-Noradrenalin an humanem Plasma Fibronektin

Zur genauen Ermittlung der Michaelis-Menten-Konstante (K_M) und der maximalen Transamidierungsrate (V_{max}) wurden drei Sättigungsanalyse für die durch TGase2–mediierte Transamidierung von [^{3}H]-NA an humanes Plasma Fibronektin durchgeführt. Hierfür wurden 6 Verdünnungsstufen mit Konzentrationen von 5 – 1000 nM [^{3}H]-NA (12 Ci/mmol), in An- und Abwesenheit von 100 mU recombinanter TGase2, mit 10 µg Fibronektin (Ansätze im Triplikat), inkubiert.

Die nach Auswertung der Szintillationsmessung des Filterassays ermittelten Werte repräsentieren sowohl die unspezifische Bindung (♦) in Abwesenheit von recombinanter TGase2, als auch die unspezifische Bindung und Transamidierung in Anwesenheit von recombinanter TGase2 (■). Die spezifische Transamidierung (▼) von [^{3}H]-NA an Fibronektin mediiert durch TGase2 ist als Differenz aus diesen beiden berechnet und ergab als Mittelwert aus den drei Experimenten (n = 3) für die K_M = 441,5 +/- 61,9 nM mit einer V_{max} von 154,4 +/- 12,3 pmol/mg. Abbildung 30 ist die graphische Darstellung einer exemplarischen Sättigungsanalyse.

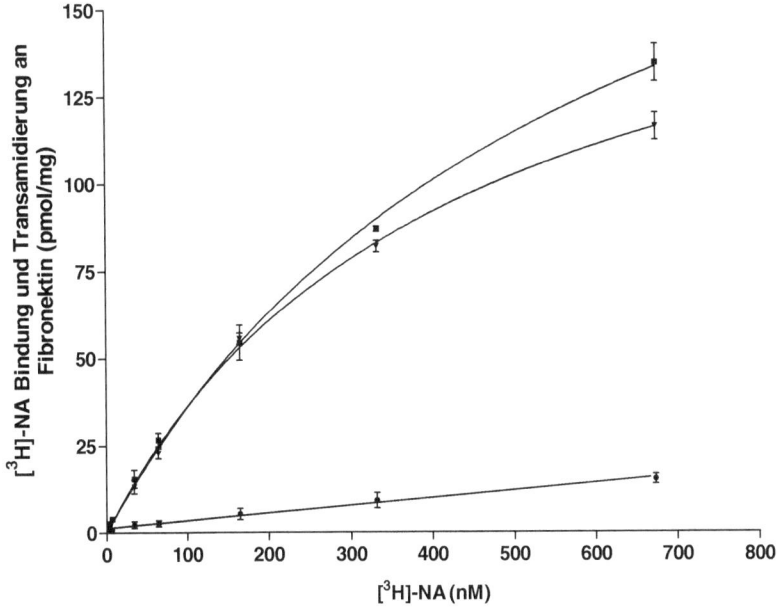

Abbildung 30: Sättigungsanalyse der durch recombinante TGase2-mediierten Transamidierung von [³H]-NA an humanes Plasma Fibronektin. Im Graphen sind sowohl die unspezifische Bindung in Abwesenheit von TGase2 (♦), die unspezifische Bindung und Transamidierung in Anwesenheit von TGase2 (■), so wie die aus ihnen resultierende spezifische Transamidierung (▼) dargestellt. Die Werte dieser Analyse sind: K_M = 426,3 +/- 32,8 nM und Vmax = 189,9 +/- 7,5 pmol/mg.

4.5.7. Bestimmung der Inhibitionskonzentration (IC_{50}) der spezifischen Transamidierung von [³H]-Noradrenalin an Fibronektin durch unmarkiertes NA

Zur Ermittlung der Inhibitionskonzentration (IC_{50}), wurden jeweils 8 Messpunkte im Triplikat bestimmt. Hierfür wurden Ansätze bei einer festen Konzentration [³H]-NA von 500 nM und 10 µg Fibronektin in Anwesenheit von 100 mU recombinanter TGase2 mit 9 Verdünnungen von unmarkiertem NA (0 bis 1000 µM) für 3 Stunden bei Raumtemperatur inkubiert. Parallel wurde ein Ansatz ohne recombinante TGase2 mitgeführt, der die unspezifische Bindung von DA an Fibronektin repräsentierte.

Die durch die Szintillationsmessung des Filterassays ermittelten Werte repräsentieren sowohl die unspezifische Bindung in Abwesenheit von recombinanter TGase2, als auch die für die Inhibition der unspezifischen Bindung und Transamidierung in Anwesenheit von recombinanter TGase2. Zur

Berechnung der Inhibitionskonzentration (IC$_{50}$) für die spezifische Transamidierung wurde von jedem Ansatz mit recombinanter TGase2 der Wert für die unspezifische Bindung abgezogen. Das Experiment wurde drei Mal unabhängig voneinander wiederholt, der hieraus resultierende Mittelwert für die IC$_{50}$ Bestimmung ergab 1,1 +/- 0,2 µM. Die Berechnung der Inhibitorischen Konstante (K$_I$) nach Cheng-Prusoff ergab 489 nM und entsprach damit der Michaelis-Menten-Konstante (K$_M$ = 442 nM). In Abbildung 31 ist ein exemplarisches Experiment der drei Messungen dargestellt.

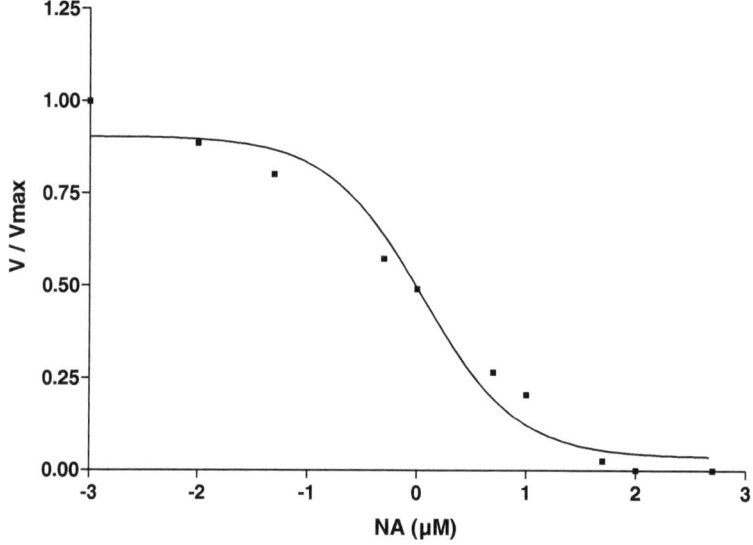

Abbildung 31: Inhibition der spezifischen Transamidierung von [^{3}H]-NA an Fibronektin durch unmarkiertes NA. Der ermittelte Wert für die IC50 ist 1,0 +/- 0,2 µM und für die K$_I$ 468,9 nM.

4.5.8. Bestimmung der Inhibitionskonzentration (IC$_{50}$) der spezifischen Transamidierung von [^{3}H]-Noradrenalin an Fibronektin durch unmarkiertes Serotonin und Dopamin

Zur Ermittlung, ob die Transamidierung von [^{3}H]-NA an humanes Plasma Fibronektin auch durch andere Monoamine inhibierbar ist, wurde im Folgenden die Inhibitionskonzentration (IC$_{50}$) für Serotonin (5-HT) und Dopamin (DA) bestimmt. Hierzu wurden Experimente, wie unter 4.4.5. beschrieben, durchgeführt. Für die Ansätze mit 5-HT und DA wurden 10 µg Fibronektin bei einer festen Konzentration von 500 nM [^{3}H]-NA in Anwesenheit von 100 mU recombinanter TGase2 mit

4. Ergebnisse

jeweils 10 Verdünnungsstufen von unmarkiertem 5-HT (0 bis 8000 µM) und DA (0 bis 1000 µM) für 3 Stunden bei Raumtemperatur inkubiert. Parallel wurde jeweils ein Ansatz ohne recombinante TGase2 mitgeführt, der die unspezifische Bindung von [^{3}H]-NA an Fibronektin repräsentierte.

Die nach der Szintillationsmessung des Filterassays ermittelten Werte wurden, wie unter 4.4.5. beschrieben, zur Bestimmung der Inhibitionskonzentration (IC$_{50}$) für die spezifische Transamidierung berechnet.

Beide Experimente wurden drei Mal unabhängig voneinander wiederholt, die hieraus resultierenden Mittelwerte, für die IC$_{50}$ von 5-HT war 126,1 +/- 0,3 mM und für DA 2,1 +/- 0,3 µM. In Abbildung 32 ist ein exemplarisches Experiment für Serotonin und in Abbildung 33 eines für Dopamin dargestellt.

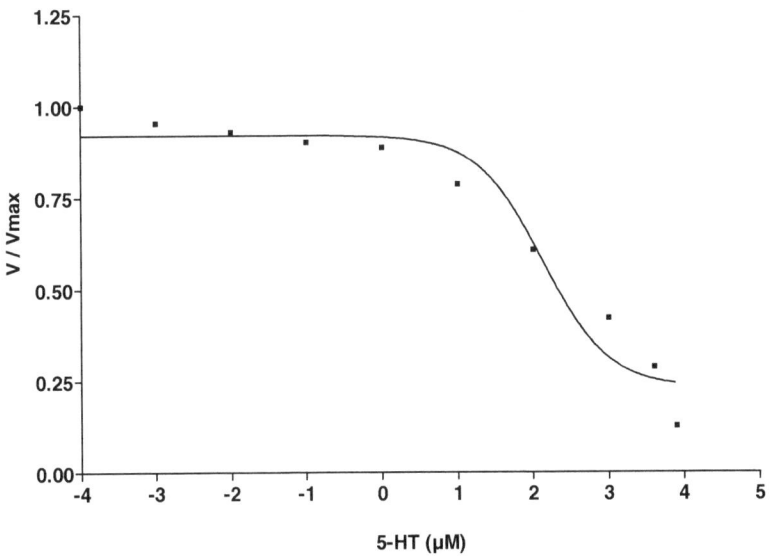

Abbildung 32: Inhibition der spezifischen Transamidierung von [^{3}H]-NA an Fibronektin durch unmarkiertes 5-HT. Der ermittelte Wert für die IC50 ist 124,7 +/- 0,2 µM.

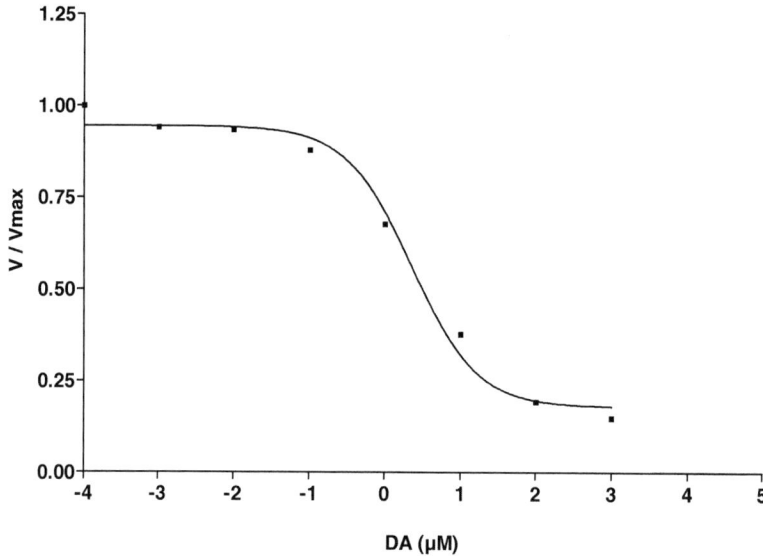

Abbildung 33: Inhibition der spezifischen Transamidierung von [^{3}H]-NA an Fibronektin durch unmarkiertes DA. Der ermittelte Wert für die IC50 ist 2,3 +/- 0,1 µM.

5. Diskussion

Serotonin (5-Hydroxytryptamin, 5-HT) wurde zuerst im Blutserum als Vasoconstrictor entdeckt (Rapport et al., 1948). Serotonin wird in den enterochromaffinen Zellen des Gastrointestinaltrakts synthetisiert und hier von Thrombozyten aufgenommen. Der Kontakt von Thrombozyten mit verletztem Gewebe führt zur Freisetzung von 5-HT gefolgt von Adhäsion und Aggregation der Thrombozyten (McNicol & Israels 2003). Hierfür ist eine spezielle Subpopulation von Thrombozyten, die sogenannten "coated-platelets" verantwortlich. Diese besitzen auf ihrer Zelloberfläche eine große Anzahl von prokoagulierenden Proteinen, wie z.b. Fibrinogen, den von Willebrand Faktor, Faktor V und Thrombospondin (Szasz & Dale 2003; Dale 2005). Dieser Prozess erfordert die Transglutaminase-mediierte Inkorporation von 5-HT an spezifische Donatorproteine. Diese führt zu Interaktionen von 5-HT konjungierten Proteinen, mit spezifischen 5-HT Bindungsstellen auf Fibronektin und Thrombospondin, gefolgt von der Thrombus-Bildung (Dale et al., 2002; Szasz & Dale 2002). Des Weiteren konnte in diesem Zusammenhang gezeigt werden, das in Thrombozyten, 5-HT an kleine GTPasen transamidiert wird und dass dieser Rezeptor-unabhängige Signalweg an der Freisetzung von 5-HT beteiligt ist. Auch dieser Prozess ist TGase-mediiert und wurde, durch Walther *et al.* 2003, als „Serotonylierung" bezeichnet. Erst kürzlich wurde auch die Serotonylierung von vaskulären Proteinen beschrieben (Watts et al., 2009).

Im ZNS ist 5-HT beteiligt an der Steuerung von Stimmungen, Emotionen, Schlaf und Appetit, so wie an der Kontrolle des Verhaltens und an weiteren physiologischen Funktionen. Im Vergleich zu anderen Neurotransmittersystemen, ist das 5-HT System am komplexesten und am expansivsten aufgebaut, wobei nur etwa 288.000 Zellkörper vorliegen, lokalisiert in der Raphé nuclei und von hieraus das gesamte Gehirn innervieren (Törk 1990). Serotonerge Neurone vermitteln Effekte sowohl an den Synapsen, als auch parakrin über extrasynaptisch axonale und somatodendritische Freisetzung (Vizi 2000; Vizi et al., 2004; De-Miguel & Trueta 2005). Die Effizienz der serotonergen Signalübertragung, d.h. der Konzentration von extrazellulärem 5-HT, wird direkt kontrolliert über die Wiederaufnahme in die serotonergen Zellen durch den hochselektiven Serotonintransporter (SERT) (Blakely et al., 1991; Schloss & Williams 1998).

Nosologieübergreifend spielt die Störungen der Aktivität der serotonergen Neurotransmission bei Erkrankungen wie Alkoholabhängigkeit, medikamenteninduziertem Kopfschmerz, bei Migräne, Zwangserkrankungen und insbesondere in der Pathogenese der majoren Depression eine bedeutende Rolle (Coppen 1967). Des Weiteren spielt 5-HT als Neurotransmitter auch eine wichtige Rolle bei der neuronalen Plastizität, Zellwanderung und Zellkontakt-Formation.

Eine Serotonylierung von neuronalen Proteinen durch Transglutaminase war bis dato noch nicht nachgewiesen. Nachgewiesen war aber, die Expression von vier TGase Isoformen TG1-3 (Kim et al., 1999) und TG 6 (Hadjivassilou et al., 2008), die in unterschiedlicher Konzentration und Aktivität in verschiedenen Mammalia Gehirnregionen auftreten und hier unter anderem für die Transamidierung von Polyaminen an extra- und intrazellulären Proteinen verantwortlich sind (Piacentini et al. 1988; Datta et al. 2006). Für die TGase2 konnte gezeigt werden, das sie am „cross-linking" von Proteinen der Extrazellulären Matrix beteiligt ist (Fesus & Piacentini 2002) und hierdurch einen entscheidenden Einfluss auf die Stabilität der Synapsen hat (Citron et al. 2000). Dieses ist ebenso für extrazelluläres 5-HT bekannt, das für die Erhaltung und Stabilität der Synapsen im Hippocampus notwendig ist (Matsukawa et al. 1997).

Ziel der hier vorliegenden Arbeit war es, zu überprüfen ob die Befunde aus dem Blut auf die Funktion von 5-HT im Gehirn und somit der Mechanismus der Serotonylierung durch Transglutaminase auf neuronale Proteine zu übertragen ist. Die Bedeutung von 5-HT in der Blutgerinnungskaskade, die Interaktion von serotonylierten Proteinen mit 5-HT Bindungsstellen auf weiteren Proteinen und die hieraus resultierenden, proteinartigen Netzwerke könnten auch im ZNS eine wichtige, noch nicht bekannte Funktion erfüllen. Im Detail bedeutete dieses zu klären, ob 5-HT auch im ZNS, nicht nur als Neurotransmitter fungiert, sondern TGase-mediiert an extrazelluläre Proteine inkorporiert, als „cross-linker" zwischen Neuronen- und Glia an der Zell-Zell- und Zell-Matrix-Formation deren Interaktionen und somit über die Synaptogenese und Stabilisierung bestehender Synapsen hinaus, auch eine Rolle für die neuronale Plastizität spielt.

Hierzu konnte in Vorversuchen an 1C11-Zellen (neuronalen Maus Vorläuferzellen) gezeigt werden, dass nach serotonerger Differenzierung in An- und Abwesenheit von Cystamin, das spezifisch die endogene Transglutaminase inhibiert, es zu keiner Änderung des Phänotypen kam, wohl aber zur Inhibition des Neuritenwachstums und der Hemmung von Zell-Zell-Kontakten. Dieser Befund stand im Einklang mit Ergebnissen von Tucholski und Kollegen (2001), die zeigen konnten, dass die Aktivität von TGase2 in dopaminerg differenzierten SH-SY5Y-Zellen (humane neuronale Vorläuferzellen), essentiell für die Differenzierung und das Neuritenwachstum ist.

5.1. Transamidierung des gesamt Mausgehirnproteins

In einem ersten Schritt wurden die Ergebnisse der Inhibition endogener TGase2 an 1C11-Zellen an Mausgehirn Homogenat überprüft. Das Homogenat wurde mit tritiiertem Serotonin ($[^3H]$5-HT) inkubiert. Um die hierbei ebenfalls auftretende Bindung an 5-HT-Rezeptoten und

Transportern von der spezifischen Transamidierung durch endogene TGase unterscheiden zu können, wurde in weiteren Ansätzen der selektive TGase Inhibitor Cystamin und das bereits als Acyl-Akzeptor bekannte Monodansylcadaverin (MDC) zugegeben. Es konnte eine spezifische Transamidierung von 5-HT durch endogene TGase an Mausgehirnprotein nachgewiesen werden, die durch Cystamin und durch MDC inhibiert wurde.

Im Weiteren konnte an neuronalem Gewebe spezifische Transamidierung/Serotonylierung nachgewiesen werden. Hierbei zeigte sich, das es spezifische Inkorporation von 5-HT durch endogene TGase an gesamt Mausgehirnprotein gibt und das diese Serotonylierung neuronaler Proteine durch recombinante TGase2 noch verstärkt wird. Die Serotonylierung von neuronalem Gehirnprotein vermittelt durch recombinante TGase2 konnte im Sättigungsassay mit einer K_M von 747 +/- 58 nM und einer V_{max} von 106 +/- 4 pmol/mg Protein bestätigt werden. Parallel durchgeführte Experimente mit Mempranpräparationen aus gesamt Mausgehirn zeigten keine Inkorporation von 5-HT an membranständigen Proteinen. Diese Ergebnisse gaben Anlass zur Schlussfolgerung, dass es sich bei den Zielproteinen der Serotonylierung nicht um membranständige, sondern um Membran-assoziierte Proteine und / oder um Proteine der Extrazellulären Matrix (EZM) handeln muss.

Dass vaskuläres Gewebe durch endogene TGase serotonyliert wird, konnte auch von Watts und Kollegen (2009) mittels biotinyliertem 5-HT, an Homogenaten aus Rattenaorta und kultivierten glatten Aortenmuskelzellen gezeigt werden. Bei dem sowohl in dieser Arbeit, als auch bei Watts verwendetem vaskulären Gewebe handelte es sich um gesamt Protein Homogenat. Diese Homogenate enthalten sowohl extra- als auch intrazelluläre Proteine. Ziel unserer Arbeit war es aber, die Ergebnisse im Blut und die so naheliegende Vermutung, dass die Serotonylierung auch im Gehirn eine stabilisierende Funktion auf neuronale Netzwerke hat, zu überprüfen. Hierfür waren Versuche an extrazellulären Proteinen notwendig. Als Quelle boten sich Gliazellen an, die sowohl Transglutaminasen exprimieren, als auch maßgeblich für die Expression von Proteinen der Extrazellulären Matrix (EZM) im ZNS verantwortlich sind.

5.2. Serotonylierung extrazellulärer C6-Glioma-Zellproteine

Die Extrazelluläre Matrix des ZNS, ist neben ihrer rein stabilisierenden Funktion auch zuständig für viele Aspekte der synaptischen Differenzierung durch Polymerisation der EZM Komponenten zu einem komplexen, fibrillären Netzwerk und der Interaktion mit membranständigen Rezeptoren (Dityatev & Schachner 2003; Dityatev et al. 2006). Moleküle der

EZM werden sowohl von Neuronen, als auch von Gliazellen sezerniert und im extrazellulären Raum verknüpft mit pre- und postsynaptischen Neuronen. Hierdurch moduliert die EZM den Aufbau und die Stabilisierung von Synapsen. Gleichzeitig konnte gezeigt werden, dass die EZM die Zelloberflächen-Mobilität von AMPA-Rezeptoren beeinflusst und somit die Kurzzeitplastizität von Synapsen (Fischknecht et al. 2009).

Zur Überprüfung, ob extrazelluläre Proteine serotonyliert werden, wurden C6-Glioma-Zellen (aus Rattengehirn) verwendet, da diese beides, TGase und Komponenten der EZM sekretieren (Korner & Bachrach 1987; Malek-Hedayat & Rome 1992). Vorab wurde auf Proteinebene im Western-Blot überprüft, ob die C6-Zellen den Serotonintransporter (SERT) exprimieren. Das negative Ergebnisses für SERT schloss eine Serotonylierung von intrazulularen Proteinen durch Aufnahme von 5-HT in die Zellen aus.

Die Serotonylierung von extrazellulären Proteinen bei lebenden C6-Glioma-Zellen durch endogene TGasen ergab einen Wert von 0,2 +/- 0,08 pmol/well und einen Wert von 0,6 +/- 0,07 pmol/well in Anwesenheit von recombinanter TGase2.

Walther et al. konnten 2003 zeigen, dass TGasen auch weitere Monoamine als Acyl-Akzeptoren nutzen können. Unter Berücksichtigung dieser Ergebnisse wurden zur Visualisierung der TGase-mediierten Transamidierung, lebende C6-Glioma-Zellen mit Monodansylcadaverin (MDC) und mit 5,7-Dihydroxytryptamin (5,7-DHT), jeweils in An- und Abwesenheit von recombinanter TGase2, inkubiert. Da beide Monoamine autofluoreszent sind, war es möglich, die extrazelluläre Transamidierung fluoreszenzmikroskopisch sichtbar zu machen.

Bei beiden Monoaminen zeigte sich eine extrazelluläre Transamidierung der C6-Glioma-Zellproteine durch endogene TGase, welche durch die recombinante noch verstärkt wurde. Dass es sich hierbei tatsächlich um TGase vermittelte Transamidierung handelt, konnte durch Zugabe von Cystamin und 5-HT gezeigt werden. So führten 2,5 mM Cystamin zu einer totalen Inhibition der Transamidierung, bei beiden Monoaminen sowohl mit, als auch ohne recombinanter TGase2. Die Inhibition der Transamidierung durch 5-HT war hingegen dosisabhängig. Zusätzlich zeigte sich, dass 10 mM 5-HT in Abwesenheit von recombinanter TGase2 zu verstärktem Zelltod führte, wohingegen die Anwesenheit recombinanter TGase2 eine protektive, gegenüber der zellschädigenden Wirkung von 10 mM 5-HT, hatte.

Um den Einfluss der Kombination von TGase2 und 5-HT auf das Zellwachstum genauer zu untersuchen, wurden lebende C6-Glioma-Zellen in der Wachstumsphase mit und ohne recombinanter TGase2, Cystamin und 5-HT, inkubiert. Hierbei zeigte sich, dass im Vergleich, das Zellwachstum ohne und mit recombinanter TGase, ebenso wie nur mit 10 µM 5-HT, nicht beeinflusst wurde. Ohne recombinante TGase2, bei Zellen, die mit 500 µM Cystamin behandelt wurden, führte dieses zu einen Inhibition des Zellwachstums um 50% und sogar um fast 60% bei 10 mM 5-HT. Hingegen gab es bei der Kombination von recombinanter TGase2 und 10µM 5-HT ein um 92% erhöhtes Zellwachstum. Dies lässt darauf schließen, dass nicht die TGase allein, sondern die Transamidierung von 5-HT eine wachstumsfördernde und protektive Wirkung auf die Zellen hat, gegenüber der zellschädigenden Wirkung hoher Konzentrationen von 5-HT alleine. Die Ursache der zellschädigenden Wirkung hoher 5-HT Konzentrationen in Abwesenheit von TGase ist nicht bekannt.

Genauere Untersuchungen der Wirkung der Serotonylierung auf die C6-Glioma-Zellen zeigten, das es zu keiner Änderung der Morphologie, wohl aber zu einen Proteinaggregation zwischen den Zellen kam. Die Quantifizierung dieser Aggregate, die sich in der Ponceau S Färbung als extrazelluläres Proteinetzwerk darstellte, zeigte eine signifikante Erhöhung der Proteinmenge. Ausgehend von unbehandelten C6-Glioma-Zellen ergab die Auswertung der Fluoreszenzintensitäten für die Behandlung mit 10 µM 5-HT eine Zunahme um 15,6%, was auf die Wirkung der endogenen TGase zurückzuführen ist. Mit recombinanter TGase2 behandelte C6-Zellen zeigten eine noch weiter erhöhte extrazelluläre Proteinanreicherung um 25,7%. Die kombinierte Inkubation mit 5-HT und recombinanter TGase2 zeigte eine um 83,7% gesteigerte Proteinaggregation zwischen und an der Zelloberfläche der C6-Glioma-Zellen. Im Vergleich mit den Effekten der Serotonylierung bei der Blutgerinnung, lässt dieses Ergebnis die Vermutung zu, dass es sich auch bei den Proteinaggregaten zwischen den C6-Zellen um multivalent verknüpfte extrazelluläre Proteinetzwerke handelt. Diese Netzwerke entstehen folglich durch Serotonylierung der Donatorproteine und Bindung des transamidierten 5-HTs an entsprechende Proteinbindungsstellen anderer Proteine.

Die zuvor fluoreszenzmikroskopisch gezeigte TGase-mediierte Transamidierung der autofluoreszenten Monoamine 5,7-Dihydroxytryptamin und Monodansylcadaverin an lebende C6-Glioma-Zellen, ermöglichte in einem weiteren Schritt die Visualisierung der spezifisch transamidierten Proteine durch SDS-PAGE und anschließender Fluoreszenzanalyse der Gele. Die Quantifizierung spezifisch fluoreszierender Proteinbanden der SDS-PAGE ergab auch hier, wie bei der fluoreszenzmikroskopischen Auswertung der Zellen, eine dosisabhängige Inhibierbarkeit der Transamidierung durch steigende Konzentrationen von 5-HT. Gleichzeitig konnte so der Nachweis erbracht werden, dass es sich hierbei tatsächlich um TGase vermittelte Transamidierung von Monoaminen an Proteine handelt und nicht nur um einfache Bindung, da eine spezifische Inhibition durch Cystamin stattfand. Die Detektion mit spezifischen Antikörpern zeigte, dass es sich bei einer der fluoreszierenden Proteinbanden um Fibronektin handelte. Fibronektin war bereits als Substrat der TGase in der Blutgerinnung, bekannt (Lynch & Pfueller 1988; Waks et al., 1989; Lewis 1972).

Ebenso als Bestandteil der EZM mit Brückenfunktion zwischen Kollagenfibrillen und anderen Molekülen der Extrazellulären Matrix und als Adhäsionsmolekül für verschiedene Zellen während ihrer Wanderung (Mostafavi-Pour et al., 2003; Rosso et al., 2004).

Somit konnte das gliale Fibronektin als ein Zielprotein der TGase-mediierten Transamidierung neuraler Proteine identifiziert werden und im Verlauf der weiteren Arbeit zur genaueren Charakterisierung der Serotonylierung, eingesetzt werden. Zur Verifizierung, ob C6-Glioma-Zellen tatsächlich TGase exprimieren und diese mit neuronalen Zellen zu vergleichen, wurde die Detektion mit α-TGase-Antikörper wiederholt. Es zeigte sich, dass TGase2 von C6-Zellen exprimiert wird. Im Vergleich mit neuronalen Vorläuferzellen ergab sich aber, dass sowohl in undifferenzierten, als auch in differenzierten SH-SY5Y etwa 5-8-mal mehr TGase detektiert werden konnte.

5.3. Serotonylierung von humanem Plasma Fibronektin

Im Weiteren wurde die TGase2-mediierte Inkorporation von Monodansylcadaverin an humanem Plasma Fibronektin in der SDS-PAGE untersucht. Dieses Experiment stand im direkten Vergleich zu den vorangegangenen mit C6-Zellen. Die Detektion und Quantifizierung der mit MDC inkorporierten Fibronektin-Banden im Vergleich mit den Proteinbanden der C6-Glioma-Zellen, ergab verifizierbare Ergebnisse. Parallel durchgeführte Antikörperkontrollen zeigten, dass es sich beim Plasma Fibronektin um ein dimerisiertes Protein mit unterschiedlichem Molekulargewicht der zwei Ketten handelte. Die chemische Spaltung der Disulfidbrücken ergab zwei MDC inkorporierte Banden, bei 210 kDa und bei 230 kDa. Das gliale Fibronektin hingegen stellte sich im Gel als Einzelbande bei 230kDa dar.

Die spezifische Serotonylierung durch rekombinante TGase2 und Inkorporation von [^{3}H]5-HT an Fibronektin lag bei 26 pmol/mg Protein, die Berechnung der Molaren-Ratio, also die Anzahl der 5-HT Moleküle die kovalent an Fibronektin gebunden werden, ergab ein Verhältnis von 2:1 (5-HT:FN).

Das Sättigungsassay zur Ermittlung der Michaelis-Menten-Konstante (K_M) und der maximalen Transamidierungsrate (V_{max}) ergab für die K_M einen Wert von 272,0 nM mit einer V_{max} von 85,0 pmol/mg Protein. Bei der Inhibitionskonzentration (IC_{50}) für die Transamidierung von [^{3}H]5-HT an Fibronektin, unter Kompetition mit unmarkiertem 5-HT, wurde eine IC_{50} von 561,1 nM ermittelt. Die aus der IC_{50}, nach Cheng-Prusoff berechnet K_I betrug 280 nM und entsprach somit der K_M. Um zu klären, ob die spezifische Serotonylierung von Fibronektin auch durch andere Monoamine inhibierbar ist, wurden auch die Inhibitionskonzentration (IC_{50}) der Serotonylierung von

Fibronektin, kompetiert durch Dopamin (DA) und Noradrenalin (NA) bestimmt. Es zeigte sich, dass die Transamidierung von 5-HT an Fibronektin effizient sowohl durch Dopamin, als auch durch Noradrenalin inhibiert werden konnte. Die Werte der IC_{50} für Dopamin mit 224,7 nM und 256,6 nM für Noradrenalin lagen nur etwa halb so hoch wie die IC_{50} für 5-HT, was in diesem Zusammenhang nicht nur für eine wirkungsvollere Kompetition sprach, sondern auch nahelegte, dass auch diese beiden Monoamine als Acyl-Akzeptoren für eine Transamidierung an Fibronektin in Frage kamen.

5.4. Monoaminylierung von humanem Plasma Fibronektin

Zur Überprüfung dieser These, dass es einen allgemeinen Mechanismus der Monoaminylierung gibt, wurde auch die Transamidierung von Dopamin und Noradrenalin an Fibronektin untersucht.
Der Nachweis der spezifischen Transamidierung von [^{3}H]-Dopamin (Dopaminylierung) und [^{3}H]-Noradrenalin (Noradrenalinylierung) an humanem Plasma Fibronektin ergab für Dopamin einen Wert von 103 pmol/mg und für Noradrenalin von 45 pmol/mg Protein. Die Berechnung der Molaren-Ratio für die Dopaminylierung (DA:FN) lag bei 8:1 und für die Noradrenalinylierung (NA:FN) bei 4:1.
Mit diesen Ergebnissen konnte der Nachweis erbracht werden, dass es außer Serotonylierung auch noch Dopaminylierung und Noradrenalinylierung geben muss, was für einen allgemeinen Mechanismus der Monoaminylierung spricht. Bemerkenswert ist in diesem Zusammenhang auch, dass bei der Serotonylierung von Fibronektin nur zwei Moleküle 5-HT inkorporiert werden, während es bei Noradrenalin schon vier und bei Dopamin sogar acht Moleküle sind. Dieses sprach dafür, das Dopamin und Noradrenalin für die Transglutaminase mediierte Transamidierung spezifischerer Acyl-Akzeptoren sind, als Serotonin. Die genauere Charakterisierung im Sättigungsassay erbrachte für die TGase2 vermittelte Dopaminylierung an Fibronektin Werte von 448 nM für die K_M und 431 pmol/mg Protein bei der V_{max}, für die Noradrenalinylierung Werte von 441 nM für die K_M und von 154 pmol/mg Protein für die V_{max}. Für beide Monoamine lag die ermittelte K_M fast doppelt so hoch, wie für Serotonin. Die V_{max} für Noradrenalin war ebenfalls doppelt so hoch und bei Dopamin fünffach höher im Vergleich mit Serotonin. Dieses bestätigte somit auch die bereits berechneten molaren Verhältnisse.
Wie für Serotonin wurden auch für Dopamin und Noradrenalin die Inhibitorische Konzentration (IC_{50}) ermittelt. Die IC_{50} für Dopamin ergab 953 nM mit einer berechneten K_I von 467 nM und liegt somit genau im Bereich der ermittelten K_M für die Dopaminylierung. Auch hier, wie schon in dem

Balkendiagramm, zeigte sich, dass eine Kompetition der Transamidierung von tritiiertem Dopamin durch unmarkiertes DA nicht vollständig möglich war und dass bei Konzentrationen über 500 µM es zu einem Anstieg der Transamidierung des tritiierten Dopamin kam. Die IC_{50} für die Kompetition von tritiiertem Noradrenalin durch unmarkiertes Noradrenalin, ergab einen Wert von 1,1 µM. Auch hier ergab die Berechnung der K_I mit 489 nM einen Wert, der der K_M entsprach.

Zum Vergleich und zur Ermittlung, ob die Transamidierung von Dopamin und Noradrenalin an Fibronektin auch durch die jeweils anderen Monoamine inhibierbar ist, wurde abschließend die Inhibitionskonzentration (IC_{50}) für 5-HT und NA bezüglich der Dopaminylierung, sowie für 5-HT und DA bezüglich der Noradrenalinylierung bestimmt.

Die ermittelten Werte für die Inhibitionskonzentration (IC_{50}) der Dopaminylierung sind wie folgt: IC_{50} / 5-HT = 2,3 mM und IC_{50} / NA = 51,9 µM. Für die IC_{50} der Noradrenalinylierung sind die Werte: IC_{50} / 5-HT = 126,1 µM und IC_{50} / DA = 2,1 µM.

Der Vergleich der IC_{50} Werte für die Monoaminylierung zeigen eine offensichtliche Reihung bezüglich der Effizienz der Transamidierung bzw. Inkorporation der Monoamine an Fibronektin, diese ist wie folgt: Dopamin > Noradrenalin > Serotonin. Dieses wird auch durch die molekularen Verhältnisse reflektiert, die die Anzahl der inkorporierten Monoamin-Moleküle in ein Molekül Fibronektin angeben, auch hier zeigt sich eine eindeutige Wertigkeit, DA 8:1 > NA 4:1 > 5-HT 2:1.

Die Unterschiede bei den K_M-und K_I-Werten, sowie besonders in der wechselseitigen Kompetition und der Ratio des Moleküleinbaus im Fibronektin, lassen sich durch Strukturunterschiede der Moleküle und diesbezüglich ihre Zugänglichkeit zu den Glutaminresten im Fibronektin erklären. Die beste Inkorporation zeigt Dopamin, das eine Hydroxyl-Gruppe weniger hat als Noradrenalin. Serotonin im Vergleich hat einen zusätzlichen Indolring, der möglicherweise den Zugang zum Fibronektin behindert. Somit können nur zwei Glutaminreste serotonyliert werden, welche offensichtlich im Fibronektin-Dimer freier vorliegen als die weiteren Glutaminreste, welche zusätzlich mit DA (8:1) bzw. NA (4:1) transamidiert werden können.

5.5. Bedeutung der Monoaminylierung

Die hier vorliegenden Ergebnisse zeigten, dass tritiiertes 5-HT an neuronales Gewebe, durch endogene und rekombinant TGase serotonyliert werden kann. Die genauere Untersuchung der Serotonylierung zeigte, dass es sich bei den Substraten um extrazelluläre Proteine handelte. Die Modifizierung dieser Proteine durch die kovalente Transamidierung von Monoaminen führte zu

Proteinaggregaten, die ein Proteinnetzwerk ausbildeten. Dieses ließ vermuten, dass es sich bei diesen spezifisch transamidierten Proteinen um Bestandteile der extrazellulären Matrix handelte. Weitere Analysen führten zu der Identifizierung von Fibronektin als eines der Zielproteine der TGase mediierten Transamidierung. Fibronektin ist aufgrund seiner Eigenschaften sowohl in der EZM als auch im Blut ein wichtiger Faktor für die Ausbildung von Protein Quervernetzungen und Rezeptorbindungen zur Stabilisierung und Bildung von Proteinnetzwerken (Alberts et al., 1994; Kao 1999). Die detaillierte Untersuchung der Transamidierung von Fibronektin ergab, dass nicht nur Serotonin, sondern auch Dopamin und Noradrenalin kovalent durch TGase inkorporiert wurden. Somit kann ein für extrazelluläre Proteine der ZNS ubiquitärer Mechanismus der Monoaminylierung postuliert werden.

Die Fibronektin-Fibrillogenese ist ein wichtiger Schritt für den Aufbau der EZM. Hierbei bindet Fibronektin an extrazelluläre- und zelloberflächen Proteine wie Kollagen, Fibrin, Integrin und Fibronektin selber (Schwarzbauer & Sechler 1999; Wierzbicka-Patynowski & Schwarzbauer 2003). Es konnte gezeigt werden, dass TGase den Einbau von Fibronektin in fibrilläre Netzwerke und die enge Bindung dieser an Zelloberflächenrezeptoren fördert (Akimov & Belkin 2001). Unter Berücksichtigung dieser und der Ergebnisse der hier vorliegenden Arbeit, kann angenommen werden, dass die Monoaminylierung von extrazellulären Proteinen des ZNS, sezerniert sowohl durch Neurone, aber vor allem durch Gliazellen, eine entscheidende Rolle im Aufbau und der Stabilisierung der EZM spielt. Die posttranslationale Modifizierung der extrazellulären Proteine durch die kovalente Bindung von Monoaminen führt, wie bereits im Blut gezeigt, zu einer weiteren Vernetzung der Proteine untereinander. Dieses geschieht durch die Bindung der an Donator-Proteine kovalent transamidierten Monoamine, an spezifische Bindungsstellen auf anderen Proteinen. Diese Ergebnisse vermitteln eine neue Funktion von Monoaminen im ZNS, nicht mehr nur als Neurotransmitter, sondern als wichtiger Bestandteil des Aufbaus und der Stabilisierung von Zellen. Also sind Monoamine als eine Form von biologischem Kleber („neural glue") notwendig, für die Formation von Proteinnetzwerken zwischen den Zellen, wie es bisher nur für das TGase vermittelte „Crosslinking" von Proteinen beschrieben war (Griffin et al., 2002).

Die Funktionen der Monoaminylierung für den Aufbau der EZM, als „cross-linker" zwischen Neuronen und Glia, nimmt hierdurch auch Einfluss auf die Zell-Zell- und Zell-Matrix-Formation und ihre Interaktion. Die Transamidierung von extrazellulären Proteinen kann somit bei der Stabilisierung bestehender Synapsen, der Synaptogenese und somit auch für die neuronale Plastizität eine wichtige Rolle spielen.

5.6. Mögliche Bedeutung der Monoaminylierung bei Erkrankungen des ZNS

Neben den bereits beschriebenen Funktionen der Monoaminylierung, besteht auch die Möglichkeit, dass die Transamidierung von extrazellulären Proteinen sowohl bei Erkrankungen des ZNS, als auch bei deren medikamentöser Behandlungen, eine Rolle spielt. Medizinisch von Relevanz könnten vor allem Serotonylierung und Noradrenalinylierung bei affektiven Erkrankungen, wie der Depression und ihrer Behandlung sein. Neuropharmakologische Grundlagenforschung und klinische Studien haben gezeigt, dass beide Neurotransmitter, Serotonin und Noradrenalin, bei der Entstehung von affektiven Erkrankungen und deren Therapie eine wichtige Rolle spielen (Heinrich et al., 1991; Charney, 1998; Schloss & Henn, 2004). So beruht der Wirkungsmechanismus fast aller antidepressiv wirkenden Medikamente darauf, dass sie die Konzentration von Serotonin und/oder Noradrenalin im synaptischen Spalt erhöhen (Nemeroff, 1998). Dies geschieht durch eine selektive Wiederaufnahmehemmung dieser Transmitter ("selektive *serotonin* reuptake inhibitors" = SSRIs, "selektive *norepinephrine* reuptake inhibitors" = SNRIs), eine kombinierte Wiederaufnahmehemmung ("klassische" trizyklische Antidepressiva, TCAs). Serotonin- und Noradrenalin-Wiederaufnahmehemmer binden mit hoher Affinität an präsynaptisch lokalisierte substratspezifische Transporterproteine für Monoamine und inhibieren den Substrattransport zurück in die Präsynapse, woraufhin es zu einer erhöhten Transmitterkonzentration im synaptischen Spalt kommt (Schloss & Williams, 1998, Zahniser & Doolen, 2001). Antidepressiva hemmen hier die Monoaminaufnahme zwar sehr schnell und effektiv, eine Verbesserung der Stimmungslage der Patienten tritt jedoch gewöhnlich erst nach ein bis zwei Wochen ein. Folglich kann die Inhibition der Transmitterwiederaufnahme per se nicht für die antidepressive Wirkung der Substanzen verantwortlich sein, vielmehr scheinen längerfristige, nachgeschaltete neuroadaptive Mechanismen dem therapeutischen Effekt zugrunde zu liegen. So gibt es mittlerweile vermehrt Hinweise, dass anhaltende Antidepressivabehandlung zum einen physiologisch-funktionelle Parameter der Transporterproteine verändert, zum anderen zelluläre Veränderungen induziert (Horschitz et al., 2001; Lau et al., 2008; Kittler et al., 2010). Hier liegt der Verdacht nahe, dass die Erhöhung der Serotonin- und Noradrenalinkonzentration im extrazellulären Raum zur Transamidierung der beiden Monoamine durch die extrazelluläre, membranassoziierte TGase führt. Die so transamidierten Proteine würden mittels Bindung an weitere Proteine der EZM zur Stabilisierung der Synapsen führen oder möglicherweise sogar eine Neubildung von Synapsen initiieren.

Auch für neurodegenerative Erkrankungen wie Huntington (Chorea major), Alzheimer und für Parkinson ist eine Dysfunktion der TGase beschrieben, bei der in den beteiligten Neuronen eine erhöhte Expression von TGase nachgewiesen werden konnte. Gleichermaßen wurde gezeigt, dass diese erhöhte TGase Aktivität zu einer verstärkten Proteinaggregation von „self-interacting proteins" führte.

Bei Huntington konnte die Aggregation von Proteinen auf das Polyglutaminreiche Huntingtin und die Aktivität der TGase zurück geführt werden (Zainelli et al., 2003). TGase katalysiert das „cross-linking" von löslichen Huntingtin Aggregaten, ähnlich wie ß-Amyloid sind diese toxisch und Verursachen die Neurodegeneration bei der Huntington Erkrankung (Walsh et al., 2002; Bates, 2003).

Auch bei Alzheimer konnte der Ursprung von extrazellulären Plaques im Cortex, aufgebaut aus aggregiertem ß-Amyloid und neurofibrillären Bündeln aus Tau-Proteinen, auf das TGase-katalysierte „cross-linking" zurück geführt werden (Citron et al., 2002; Singer et al., 2002; Dudek & Johnson 1994).

Bei Parkinson konnte eine erhöhte Expression von TGase in der substantia nigra und einhergehend ein extensives „cross-linking" von intramolekularem α-Synuclein nachgewiesen werden. Dieses ist der erste Schritt im Prozess der Aggregation von α-Synuclein sowohl in Lewy-Bodies als auch in Lewy-Neuriten (Andringa et al., 2004; Junn et al., 2003).

Bei den hier aufgezählten neurodegenerativen Erkrankungen kann auch die TGase vermittelte Transamidierung von Monoaminen an die beteiligten Proteine oder die Plaques eine Verstärkung der Proteinaggregation zur folge haben.

Weitere Erkrankungen, bei denen Dopaminylierung eine Rolle spielen kann sind ADHS (Aufmerksamkeitsdefizit-/Hyperaktivitätsstörung) und Schizophrenie, da bei beiden in unterschiedlichen Gehirnregionen, sowohl Mangel als auch Überschuss an Dopamin vorliegt (Volkow N. et al., 2009; Deutch et al., 1990; Wilkinson 1997). Da der Mechanismus der Dopaminylierung bis dato noch unbekannt war, liegen noch keine Hinweise für diese Vermutungen der Beteiligung dieser Reaktion an den genannten Erkrankungen vor.

5.7. Ausblick

Die Ergebnisse zeigen, dass es sich bei der TGase-mediierten Transamidierung von neuronalem Gewebe um einen ubiquitären Mechanismus der Monoaminylierung handelt. Nachweise hierfür sind sowohl die Serotonylierung von gesamt Mausgehirn Homogenaten, als auch die Bildung von Aggregaten extrazellulärer Proteine bei Gliazellen. So wie die spezifische Transamidierung von Serotonin, Dopamin und Noradrenalin an Fibronektin. Es konnte nachgewiesen werden, dass die Monoaminylierung mediiert durch TGase2, eine Bedeutung für die Stabilität und den Aufbau der Extrazellulären Matrix und somit für die Integrität neuronaler und glialer Zellen hat.

Diese Resultate lassen verschiedene Interpretations- und Deutungsmöglichkeiten bezüglich der Funktion und Wirkung von Monoaminylierung im ZNS und den Einfluss auf neuronale Plastizität und Erkrankungen zu. Die bereits diskutierten möglichen physiologischen Funktionen und Wirkungen der TGase-vermittelten Serotonylierung machen somit weitergehende Untersuchungen notwendig.

Um Einblicke in die Funktion der Monoaminylierung bei der Synaptogenese, Axonsprossung und vor allem bei Zell-Zell und Zell-Matrix Interaktionen zu erhalten, sind Versuche mit Kokulturen von Gliazellen und Neuronen notwendig. Fragestellung hierbei ist, welche Auswirkungen die Proteinaggregation auf das Gesamtsystem hat und in wie weit dieses eine Rolle für die Stabilität der Netzwerke und der Zellen spielt.

Um den Einfluss auf das Zellwachstum, die Differenzierung, die Neuriten- und die Synapsenausbildung zu untersuchen, bieten sich neuronale Vorläuferzellen an, die auf bereits monoaminylierten Matrices kultiviert und in folge serotonerg, dopaminerg oder noradrenerg differenziert werden.

Einen wichtigen Punkt stellt die Identifizierung weiterer Zielproteine der Monoaminylierung aus der EZM und die Identifikation der kovalenten Bindungsstellen dar. Massenspektroskopische Analysen bieten hierbei auch die Möglichkeit der Identifikation aus in vivo Geweben. Mittels Affinitätschromatographie währe die Identifizierung von Proteinen möglich, welche Bindungsstellen für die transamidierten Monoamine haben. Dieses würde weitere Aufschlüsse über den Aufbau des Proteinnetzwerkes und somit die Struktur der EZM geben.

Die Synthese spezieller Antikörper gegen monoaminylierte Proteine, würde ein weiteres Werkzeug zur Analyse der Funktion und speziell zur Untersuchung der physiologischen Bedeutung der Monoaminylierung, darstellen. Hiermit könnten in vivo vorkommende γ-Glutamyl-Serotonin- bzw. γ-Glutamyl-Monoamin-Bindungen, sowie durch endogene TGase-mediierte Transamidierung an Zellen und Geweben, insbesondere vor und nach Behandlung mit Psychopharmaka (wie z.B. SSRIs und SNRIs) ermittelt und visualisiert werden.

Für die genauere Untersuchung der Funktion von TGase-mediierter Transamidierung auf die neuronale Entwicklung von Zellen, in Bezug auf Synaptogenese und Stabilisierung von Synapsen, zu verschiedenen Zeitpunkten der Differenzierung, bietet sich die stabile Transfektion von siRNAs an, welche die Expression von TGase inhibieren. Da im Gehirn mindestens drei TGase Isoformen exprimiert werden und bei TGase2 „knock out" Mäusen (De Laurenzi & Melino 2001) keine

Veränderungen gezeigt werden konnten, ist davon auszugehen, dass der Ausfall einer TGase Isoform durch die anderen kompensiert wird. Daher wäre es notwendig, spezielle siRNAs zu synthetisieren und diese, wie von Weidenfeld und Kollegen 2009 beschrieben, als miRNA-Mix, in einem policystronischen Konstrukt zum „down knocken" der TGase Aktivität zu unterschiedlichen Zeitpunkten, in die Zellen einzubringen. Parallel könnten diese siRNAs, versehen mit einer Start bzw. Stopp Sequenz, gesteuert mittels Zugabe oder Entzug von Tamoxifen, stabil in Zellen transfiziert werden. Somit könnte die TGase Expression jederzeit gestoppt oder aktiviert werden, um hierdurch kontrolliert, die Auswirkungen auf die Zellen untersuchen zu können.

Die Ergebnisse aus der Zellkultur, könnten im weiterem auch im Tiermodell Anwendung finden. Das gezielte Einbringen dieser siRNA Sequenzen, zur Erzeugung transgener Tiere macht die in vivo Analyse der Funktion und Bedeutung der Monoaminylierung im ZNS, in Bezug auf die Physiologie und das Verhalten von Tieren möglich.

Die hier vorliegende Arbeit eröffnet somit neue Einblicke in die bis dato noch unbekannte Funktion von Monoaminen, nicht nur als Neurotransmitter im Gehirn, sondern als ein möglicher wichtiger Faktor für die Stabilität, Integrität und den Aufbau neuronaler Netzwerke. Gleichermaßen werden neue Aspekte und Fragen in Bezug auf die Entstehung und Entwicklung von neuronaler Plastizität im Zusammenhang mit Axonsprossung, Synaptogenese und Neuritenwachstum und der Stabilisierung von Neuronen aufgeworfen. Eben so wie Fragen zur allgemeinen Bedeutung des Mechanismus der TGase-mediierten Monoaminylierung auf die Gehirnentwicklung und speziell auf mögliche Beteiligungen bei psychischen Erkrankungen und ihrer medikamentösen Behandlung. Diese bereits diskutierten Fragen bieten die Möglichkeit für neue Arbeitsansätze und Theorien die ein weiterer Mosaikstein für das Verständnis des komplexen Aufbaus und der Funktion des Gehirns sein könnten.

6. Zusammenfassung / Abstract

6.1. Zusammenfassung

Im Zentralen Nervensystem (ZNS) spielt Serotonin (5-HT) eine entscheidende Rolle, sowohl als Neurotransmitter, als auch bei der neuronalen Entwicklung, der Synaptogenese, der neuronalen Plastizität inklusive Zellwanderung und Zellkontakt-Formation. Serotonin ist beteiligt an der Steuerung der Stimmungen, von Emotionen, Schlaf und Appetit, so wie an der Kontrolle des Verhaltens und an einer Vielzahl von physiologischen Funktionen. Im Vergleich zu anderen Neurotransmittersystemen, ist das serotonerge System am komplexesten und expansivsten aufgebaut. Serotonerge Neurone vermitteln Effekte sowohl an den Synapsen, als auch parakrin über extrasynaptische, axonale und somatodendritische Freisetzung. Die Effizienz der serotonergen Signalübertragung, d.h. der Konzentration von extrazellulärem 5-HT, wird direkt kontrolliert über die Wiederaufnahme in die serotonergen Zellen durch den Serotonintransporter (SERT).

Außerhalb des ZNS dient Serotonin im Blutserum als Vasoconstrictor; synthetisiert in den enterochromaffinen Zellen des Gastrointestinaltrakts wird es von Thrombozyten aufgenommen. Der Kontakt von Thrombozyten mit verletztem Gewebe führt zur Freisetzung von 5-HT gefolgt von Adhäsion und Aggregation der Thrombozyten. Serotonin wird hierbei kovalent an prokoagulierende Proteine transamidiert und ist somit direkt beteiligt an der Blutgerinnung. Dieser Prozess wird durch Transglutaminase vermittelt und als Serotonylierung bezeichnet. Die serotonylierten Proteine interagieren mit spezifischen 5-HT Bindungsstellen auf Fibronektin und Thrombospondin und bilden so stabile extrazelluläre, multivalente Komplexe, welche notwendig sind für die Thrombusbildung.

In dieser Arbeit wurde untersucht, ob die Transglutaminase-mediierte kovalente Inkorporation von Monoaminen auch an neuralen Proteinen möglich ist und welche Auswirkungen sie auf die Expression von extrazellulären Proteinen hat.

Die Ergebnisse zeigten, dass [^{3}H]-Serotonin sowohl durch endogene- als auch recombinante TGase, an Mausgehirn Homogenat transamidiert wurde. Diese Serotonylierung wurde spezifisch durch Cystamin und Monodansylcadaverin inhibiert. Vermittelt durch recombinante TGase2 wurden extrazelluläre- und Zelloberflächen-Proteine von C6 Gliomazellen spezifisch mit [^{3}H]-Serotonin transamidiert, auch diese Serotonylierung wurde durch Cystamin inhibiert und dosisabhängig durch unmarkiertes 5-HT verdrängt. Die Transglutaminase-mediierte Transamidierung von unmarkiertem Serotonin bei C6 Gliomazellen führte zu Induktion von Proteinaggregaten an der Zelloberfläche und zwischen den Zellen. Bei diesen Proteinaggregaten handelte es sich um multivalent verknüpfte extrazelluläre Proteinnetzwerke bestehend aus serotonylierten Proteinen und den zugehörigen Bindungsproteinen. Gleichermaßen zeigte sich, dass die Transamidierung von 5-HT eine wachstumsfördernde und protektive Wirkung gegenüber zellschädigenden Außeneinflüssen hat. Zur Visualisierung dieser Proteinnetzwerke wurde das autofluoreszierende, serotoninanaloge 5,7-Dihydroxytryptamin, sowie Monodansylcadaverin (MDC) spezifisch an lebende C6 Gliomazellen transamidiert. Die elektrophoretische Auftrennung der mit MDC inkorporierten C6 Zellproteine zeigte mehrere fluoreszierende, distinkte Proteinbanden. Eines dieser Zielproteine der TGase mediierten Transamidierung konnte als Fibronektin identifiziert werden. Die spezifische Transamidierung von Fibronektin mit tritiiertem Serotonin, Noradrenalin und Dopamin erbrachte, dass es außer der Serotonylierung auch noch Noradrenalinylierung und Dopaminylierung gibt, also einen allgemeinen Mechanismus der Monoaminylierung.

Die Ergebnisse vermitteln eine neue Funktion von Monoaminen im ZNS, nicht mehr nur als Neurotransmitter, sondern als wichtiger Bestandteil des Aufbaus und der Stabilisierung von Zellen. Die Transglutaminase-mediierte Transamidierung von extrazellulären Proteinen des ZNS, sezerniert sowohl durch Neurone, aber vor allem durch Gliazellen, spielt eine entscheidende Rolle im Aufbau und der Stabilisierung der Extrazellulären Matrix (EZM). Monoamine dienen somit als eine Form von biologischem Kleber („neural glue"), notwendig für die Formation von Proteinnetzwerken, wie es bisher nur für das TGase vermittelte „Crosslinking" von Proteinen beschrieben war. Die Funktionen der Monoaminylierung für den Aufbau der EZM, als „cross-linker" zwischen Neuronen- und Glia, nimmt hierdurch auch Einfluss auf die Zell-Zell- und Zell-Matrix-Formation und ihre Interaktion. Die Transamidierung von extrazellulären Proteinen kann somit bei der Stabilisierung bestehender Synapsen, der Synaptogenese, Axonsprossung und schlussendlich auch für die neuronale Plastizität eine wichtige Rolle spielen.

6.2. Abstract

In the central nervous system serotonin (5-HT) plays important roles as a neurotransmitter as well as during development, synaptogenesis and neuronal plasticity including cell migration and cell formation. Serotonin is known to modulate mood, emotion, sleep and appetite and is implicated in the control of numerous behavioural and physiological functions. Compared to other neurotransmitter systems, the 5-HT system is the most complex and expansive. Serotonergic neurons produce their effects at synapses as well as paracrine via extrasynaptic axonal and somatodendritic release. The efficiency of serotonergic signalling, i.e. the concentration of extracellular 5-HT is directly controlled by its reuptake back into serotonergic neurons through the serotonin transporter (SERT).

Outside of the central nervous system, in the blood serum, serotonin serves as a vasoconstrictor, synthesized in enterochromaffin cells of the gastrointestinal tract and taken up into blood platelets. Contact of platelets to a site of vascular injury leads to release of 5-HT followed by platelet adhesion and aggregation. Serotonin is then covalently transamidated to procoagulant proteins of hemostasis. This process is mediated by transglutaminases (TGase) and named "serotonylation". Serotonin-conjugated proteins then interact with their respective serotonin binding sites on fibrinogen and thrombospondin to form stable extracellular multivalent complexes thereby promoting thrombus generation.

In the present study, I have investigated whether transglutaminase-mediated transamidation can also covalently incorporate monoamines to neural proteins and whether this might affect extracellular protein expression.

The data revealed that [^{3}H]-serotonin is specifically transamidated to mouse brain homogenates by endogeneous as well as recombinant transglutaminases and this serotonylation is inhibited by the transglutaminase inhibitor cystamine and monodansylcadaverine. Moreover, [^{3}H]-serotonin was specifically transamidated to extracellular and cell-surface proteins from C6 glioma cells. This process was inhibited by cystamine and dosis dependently displaced by unlabelled 5-HT.

The transglutaminase-mediated transamidation of unlabelled serotonin to C6 cells induced an aggregation of extracellular protein matrices adjacent to and between single cells. These protein aggregations reflect multivalent cross-linked extracellular protein matrices of serotonylated proteins and their respective binding proteins. The transamidation of 5-HT to protein promoted cell growth and effected in a cell protective manner. For visualization of these protein networks, living C6 cells were specifically transamidated with the autofluorescent serotonin analogue 5,7-dihydroxytryptamine and monodansylcadaverine (MDC). Elektrophoretic separation of MDClabeled C6 cell protein revealed several distinct fluorescent proteins and one of which was identified as fibronectin. The specific transamidation of tritiated serotonin, noradrenalin and dopamine to fibronectin resulted in the finding, that in addition to serotonylation, noradrenalinylation and as well as dopaminylation, also a ubiquitous mechanism of monoaminylation exists. These results indicate a new function of monoamines in the central nervous system, not only as neurotransmitter, but also as an important component of construction (structure) and stabilization of cells. The transglutaminase-mediated transamidation of extracellular proteins of the CNS, expressed in neurons as well as glial cells, plays an important role in building and stabilization of the extracellular matrix (ECM). Thus, monoamines may act as a form of "neural glue", necessary for the formation of protein networks, as described before only for the transglutaminase-mediated "cross-linking" of proteins. The function of monoaminylation for construction of the ECM and as cross-linker between neurons and glial cells is also important for cell-cell- and cell-matrix-formation and their interaction. Where the transamidation of extracellular proteins may be involved in stabilization of synapses, synaptogenesis, axon sprouting and consequently it may play an important role in neural plasticity.

7. Literaturverzeichnis

Achyuthan KE, and Greenberg CS, (1987) Identification of a guanosine triphosphate-binding site on guinea pig liver transglutaminase. Role of GTP and calcium ions in modulating activity. J Biol Chem. Feb 5; 262 (4):1901-6.

Aeschlimann D, Kaupp O, Paulsson M (1995) Transglutaminase-catalyzed matrix cross-linking in differentiating cartilage: identification of osteonectin as a major glutaminyl substrate. J Cell Biol. May; 129 (3): 881-92.

Aeschlimann D and Paulsson M (1994) Transglutaminases: protein cross-linking enzymes in tissues and body fluids. Thromb Haemost. Apr; 71 (4): 402-15.

Aeschlimann D, Wetterwald A, Fleisch H, Paulsson M (1993) Expression of tissue transglutaminase in skeletal tissues correlates with events of terminal differentiation of chondrocytes. J Cell Biol. Mar; 120 (6): 1461-70.

Akimov SS and Belkin AM (2001) Cell-surface transglutaminase promotes fibronectin assembly via interaction with the gelatin-binding domain of fibronectin: a role in TGFbeta-dependent matrix deposition. J Cell Sci. Aug; 114 (Pt 16): 2989-3000.

Akimov SS and Belkin AM (2001) Cell surface tissue transglutaminase is involved in adhesion and migration of monocytic cells on fibronectin. Blood. Sep 1; 98 (5): 1567-76.

Alberts GF, Hsu DK, Peifley KA, Winkles JA (1994) Differential regulation of acidic and basic fibroblast growth factor gene expression in fibroblast growth factor-treated rat aortic smooth muscle cells. Circ Res. Aug; 75 (2): 261-7.

Alberts GF, Peifley KA, Johns A, Kleha JF, Winkles JA (1995) Constitutive endothelin-1 overexpression promotes smooth muscle cell proliferation via an external autocrine loop. J Biol Chem. Apr 1; 269 (13): 10112-8.

Allen NJ and Barres BA (2005) Signaling between glia and neurons: focus on synaptic plasticity. Curr Opin Neurobiol. Oct; 15 (5): 542-8.

Aloisi F (2001) Immune function of microglia. Glia. Nov; 36 (2): 165-79.

Ando Y, Imamura S, Owada MK, Kakunaga T, Kannagi R (1989) Cross-linking of lipocortin I and enhancement of its Ca2+ sensitivity by tissue transglutaminase. Biochem Biophys Res Commun. Sep 15;163(2):944-51.

Andringa G, Lam KY, Chegary M, Wang X, Chase TN, Bennett MC (2004) Tissue transglutaminase catalyzes the formation of alpha-synuclein crosslinks in Parkinson's disease. FASEB J. 18 (7): 932-4.

Antonyak MA, Singh US, Lee DA, Boehm JE, Combs C, Zgola MM, Page RL, Cerione RA (2001) Effects of tissue transglutaminase on retinoic acid-induced cellular differentiation and protection against apoptosis. J Biol Chem. Sep 7; 276 (36): 33582-7. Epub 2001 Jul 3.

Araque A, Carmignoto G, Haydon PG (2001) Dynamic signaling between astrocytes and neurons. Annu Rev Physiol. 63: 795-813.

Autuori F, Farrace MG, Oliverio S, Piredda L, Piacentini M (1998) "Tissue" transglutaminase and apoptosis. Adv Biochem Eng Biotechnol. 62: 129-36.

Azmitia EC, Whitaker-Azmitia PM (1991) Awakening the sleeping giant: anatomy and plasticity of the brain serotonergic system. J Clin Psychiatry. Dec;52 Suppl:4-16.

Bachoo RM, Kim RS, Ligon KL, Maher EA, Brennan C, Billings N, Chan S, Li C, Rowitch DH, Wong WH, DePinho RA (2004) Molecular diversity of astrocytes with implications for neurological disorders. Proc Natl Acad Sci U S A. Jun 1; 101 (22): 8384-9. Epub 2004 May 21.

Ballestar E, Abad C, Franco L (1996) Core histones are glutaminyl substrates for tissue transglutaminase. J Biol Chem. Aug 2;271(31):18817-24.

Bandtlow CE and Zimmermann DR (2000) Proteoglycans in the developing brain: new conceptual insights for old proteins. Physiol Rev. Oct; 80 (4): 1267-90.

Bartsch S, Bartsch U, Dörries U, Faissner A, Weller A, Ekblom P, Schachner M (1992) Expression of tenascin in the developing and adult cerebellar cortex. J Neurosci. Mar; 12 (3): 736-49.

Bates G (2003) Huntingtin aggregation and toxicity in Huntington's disease. Lancet. 361 (9369): 1642-4.

Baumann N and Pham-Dinh D (2001) Biology of oligodendrocyte and myelin in the mammalian central nervous system. Physiol Rev. 81 (2): 871-927.

Bellivier F, Henry C, Szöke A, Schürhoff F, Nosten-Bertrand M, Feingold J, Launay JM, Leboyer M, Laplanche JL (1998) Serotonin transporter gene polymorphisms in patients with unipolar or bipolar depression. Neurosci Lett. Oct 23; 255 (3): 143-6.

Benson DL, Schnapp LM, Shapiro L, Huntley GW (2000) Making memories stick: cell-adhesion molecules in synaptic plasticity. Trends Cell Biol. Nov; 10 (11): 473-82.

Bergles DE, Diamond JS, Jahr CE (1999) Clearance of glutamate inside the synapse and beyond. Curr Opin Neurobiol. Jun; 9 (3): 293-8.

Birckbichler PJ, Orr GR, Patterson MK Jr. (1976) Differential transglutaminase distribution in normal rat liver and rat hepatoma. Cancer Res. Aug; 36 (8): 2911-4.

Blakemore WF, Keirstead HS (1998) The origin of remyelinating cells in the central nervous System. J Neuroimmu. 98 (1): 69 – 76.

Bonfanti L, Peretto P (2007) Radial glial origin of the adult neural stem cells in the subventricular zone. Prog Neurobiol. Sep; 83 (1): 24-36.

Booth GE, Kinrade EF, Hidalgo A (2000) Glia maintain follower neuron survival during Drosophila CNS development. Development. Jan; 127 (2): 237-44.

Brückner G, Brauer K, Härtig W, Wolff JR, Rickmann MJ, Derouiche A, Delpech B, Girard N, Oertel WH, Reichenbach A (1993) Perineuronal nets provide a polyanionic, glia-associated form of microenvironment around certain neurons in many parts of the rat brain. Jul; 8 (3): 183-200.

Brückner G, Härtig W, Kacza J, Seeger J, Welt K, Brauer K (1996) Extracellular matrix organization in various regions of rat brain grey matter. J Neurocytol. May; 25 (5): 333-46.

Bunge MB, Bunge RP (1961) Ultrastructural study of remyelination in an experimental lesion in theadult cat spinal cord. J Biophys. Biochem.Cytol. Vol. 10: 67 – 94.

Bücheler MM, Hadamek K, Hein L (2002) Two alpha (2)-adrenergic receptor subtypes, alpha(2A) and alpha(2C), inhibit transmitter release in the brain of gene-targeted mice. Neuroscience. 109 (4): 819-26.

Calakos N and Scheller RH (1996) Synaptic vesicle biogenesis, docking, and fusion: a molecular description. Physiol Rev. Jan; 76 (1): 1-29.

Chamak B and Mallat M (1991) Fibronectin and laminin regulate the in vitro differentiation of microglial cells. Neuroscience. 45 (3): 513-27.

Chandrashekar R and Mehta K (2000) Transglutaminase-catalyzed reactions in the growth, maturation and development of parasitic nematodes. Parasitol Today. Jan; 16 (1): 11-7.

Charney DS (1998) Monoamine dysfunction and the pathophysiology and treatment of depression. J Clin Psychiatry. 14, 11-14.

Cheng Y and Prusoff WH (1973) Relationship between the inhibition constant (K1) and the concentration of inhibitor which causes 50 per cent inhibition (I50) of an enzymatic reaction. Biochem Pharmacol. Dec 1; 22 (23): 3099-108.

Chiba A and Keshishian H (1996) Neuronal pathfinding and recognition: roles of cell adhesion molecules. Dev Biol. ec 15; 180 (2): 424-32. Review.Chiocca EA, Davies PJ, Stein JP (1988) The molecular basis of retinoic acid action. Transcriptional regulation of tissue transglutaminase gene expression in macrophages. J Biol Chem. Aug 15; 263 (23): 11584-9.

Choi BH (1994) Role of the basement membrane in neurogenesis and repair of injury in the central nervous system. Microsc Res Tech. Jun 15; 28 (3): 193-203.

Chung SI and Folk JE (1972) Kinetic studies with transglutaminases. The human blood enzymes (activated coagulation factor 13 and the guinea pig hair follicle enzyme. J Biol Chem. May 10; 247 (9): 2798-807.

Chung SI and Folk JE (1972) Transglutaminase from hair follicle of guinea pig (crosslinking-fibrin-glutamyllysine-isoenzymes-purified enzyme). Proc Natl Acad Sci U S A. Feb; 69 (2): 303-7.

Chung SI (1972) Comparative studies on tissue transglutaminase and factor XIII. Ann N Y Acad Sci. Dec 8; 202: 240-55.

Citron BA, Gregory EJ, Steigerwalt DS, Qin F and Festoff BW (2000) Regulation of the dual function tissue transglutaminase/Galpha(h) during murine neuromuscular development: gene and enzyme isoform expression. Neurochem Int. 37; 337-349.

Citron BA, Suo Z, SantaCruz K, Davies PJ, Qin F, Festoff BW (2002) Protein crosslinking, tissue transglutaminase, alternative splicing and neurodegeneration. Neurochem Int. 40 (1): 69-78.

Comoglio PL and Trusolino L (2005) Cancer: the matrix is now in control. Nat Med. Nov; 11 (11): 1156-9.

Connellan JM, Whetzel NK, Folk JE (1971) Catalytic properties of p-mercuribenzoate-modified transglutaminase. J Biol Chem. Jun 10; 246 (11): 3663-71.

Connellan JM, Chung SI, Whetzel NK, Bradley LM, Folk JE (1971) Structural properties of guinea pig liver transglutaminase. J Biol Chem. Feb 25; 246 (4): 1093-8.

Cooper JR, Bloom FE, Roth RH (1996) The biochemical basis of neuropharmacology. 7nd Edithion, Oxford University Press, New York Oxford.

Coppen A. (1967) The biochemistry of affective disorders. Br J Psychiatry. 113: 1237-1264.

Cooper AJ, Sheu KF, Burke JR, Strittmatter WJ, Gentile V, Peluso G, Blass JP (1999) Pathogenesis of inclusion bodies in (CAG)n/Qn-expansion diseases with special reference to the role of tissue transglutaminase and to selective vulnerability. J Neurochem. Mar; 72 (3): 889-99.

Corvetti L and Rossi F (2005) Degradation of chondroitin sulfate proteoglycans induces sprouting of intact purkinje axons in the cerebellum of the adult rat. J Neurosci. Aug 3; 25 (31): 7150-8.

Cotrina ML and Nedergaard M (2002) Astrocytes in the aging brain. J Neurosci Res. Jan 1; 67 (1): 1-10.

Cuzner ML and Opdenakker G (1999) Plasminogen activators and matrix metalloproteases, mediators of extracellular proteolysis in inflammatory demyelination of the central nervous system. J Neuroimmunol. Feb 1; 94 (1-2): 1-14.

Dahlstroem A and Fuxe K (1964) Evidence for the Existence of Monoamine-Containing Neurons in the Central Nervous System. I. Demonstration of Monoamines in the Cell Bodies of Brain Stem Neurons. Acta Physiol Scand. 62: SUPPL 232:231-255.

Dailly E, Chenu F, Renard CE, Bourin M (2004) Dopamine, depression and antidepressants. Fundam Clin Pharmacol. Dec; 18 (6): 601-7.

Dale GL, Friese P, Batar P, Hamilton SF, Reed GL, Jackson KW, Clemetson KJ, Alberio L (2002) Stimulated platelets use serotonin to enhance their retention of procoagulant proteins on the cell surface. Nature. Jan 10; 415 (6868): 175-9.

Datta S, Antonyak MA and Cerione RA (2006) Importance of Ca2+-dependent transamidation activity in the protection afforded by tissue transglutaminase against doxorubicin-induced apoptosis. Biochemistry. 45, 13163 – 13174.

Davies PJ, Davies DR, Levitzki A, Maxfield FR, Milhaud P, Willingham MC, Pastan IH (1980) Transglutaminase is essential in receptor-mediated endocytosis of alpha 2-macroglobulin and polypeptide hormones. Nature. Jan 10; 283 (5743): 162-7.

De-Carvalho MC, Chimelli LM, Quirico-Santos T (1999) Modulation of fibronectin expression in the central nervous system of Lewis rats with experimental autoimmune encephalomyelitis. Braz J Med Biol Res. May; 32 (5): 583-92.

De Laurenzi V and Melino G (2001) Gene disruption of tissue transglutaminase. Mol Cell Biol. 21: 148-155

De-Miguel FF and Trueta C (2005) Synaptic and extrasynaptic secretion of serotonin. Cell Mol Neurobiol. 25: 297-312.

Deutch AY, WA C, Roth RH (1990) Prefrontal cortical dopamine depletion enhances the responsiveness of mesolimbic dopamine neurons to stress. Brain Res. 521 (1-2): 311-315.

Doetsch F (2003) The glial identity of neural stem cells. Nat Neurosci. Nov; 6 (11): 1127-34. Epub 2003 Oct 28.

Dudek SM, Johnson GV (1994) Transglutaminase facilitates the formation of polymers of the beta-amyloid peptide. Brain Res. 651 (1-2): 129-33.

Dunkley PR, Bobrovskaya L, Graham ME, von Nagy-Felsobuki EI, Dickson PW (2004) Tyrosine hydroxylase phosphorylation: regulation and consequences. J Neurochem. Dec; 91 (5): 1025-43.

Durham PL and Russo AF (2002) New insights into the molecular actions of serotonergic antimigraine drugs. Pharmacol Ther. Apr-May; 94 (1-2): 77-92.

Eckenhoff MF and Rakic P (1984) Radial organization of the hippocampal dentate gyrus: a Golgi, ultrastructural, and immunocytochemical analysis in the developing rhesus monkey. J Comp Neurol. Feb 10; 223 (1): 1-21.

Eisenhofer G (2001) The role of neuronal and extraneuronal plasma membrane transporters in the inactivation of peripheral catecholamines. Pharmacol Ther. Jul; 91 (1): 35-62.

Eitan S and Schwartz M (1993) A transglutaminase that converts interleukin-2 into a factor cytotoxic to oligodendrocytes. Science. Jul 2; 261 (5117): 106-8.

Eitan S, Solomon A, Lavie V, Yoles E, Hirschberg DL, Belkin M, Schwartz M (1994) Recovery of visual response of injured adult rat optic nerves treated with transglutaminase. Science. Jun 17; 264 (5166): 1764-8.

El Alaoui S, Legastelois S, Roch AM, Chantepie J, Quash G (1991) Transglutaminase activity and N epsilon (gamma glutamyl) lysine isopeptide levels during cell growth: an enzymic and immunological study. Int J Cancer. May 10; 48 (2): 221-6.

Engelhardt S, Hein L, Dyachenkow V, Kranias EG, Isenberg G, Lohse MJ (2004) Altered calcium handling is critically involved in the cardiotoxic effects of chronic beta-adrenergic stimulation. Circulation. Mar 9; 109 (9): 1154-60. Epub 2004 Feb 16.

Eshleman AJ, Stewart E, Evenson AK, Mason JN, Blakely RD, Janowsky A, Neve KA (1997) Metabolism of catecholamines by catechol O-methyltransferase in cells expressing recombinant catecholamine transporters. J Neurochem. Oct; 69 (4): 1459-66.

Faissner A (1997) The tenascin gene family in axon growth and guidance. Cell Tissue Res. Nov; 290 (2): 331-41.

Fesus L and Piacentini M (2002) Transglutaminase 2: an enigmatic enzyme with diverse functions. Trends Biochem Sci. Oct; 27 (10): 534-9.

Fesus L, Davies PJ, Piacentini M (1991) Apoptosis: molecular mechanisms in programmed cell death. Eur J Cell Biol. Dec; 56 (2): 170-7.

Fesus L (1992) Apoptosis. Immunol Today. Aug; 13 (8): A 16-7.

Fesus L, Madi A, Balajthy Z, Nemes Z, Szondy Z (1996) Transglutaminase induction by various cell death and apoptosis pathways. Experientia. Oct 31; 52 (10-11): 942-949.

Fesus L (1998) Transglutaminase-catalyzed protein cross-linking in the molecular program of apoptosis and its relationship to neuronal processes. Cell Mol Neurobiol. Dec; 18 (6): 683-94.

Fields RD and Itoh K (1996) Neural cell adhesion molecules in activity-dependent development and synaptic plasticity. Trends Neurosci. Nov; 19 (11): 473-80.

Folk JE and Cole PW (1966) Mechanism of action of guinea pig liver transglutaminase. I. Purification and properties of the enzyme: identification of a functional cysteine essential for activity. J Biol Chem. Dec 10; 241 (23): 5518-25.

Folk JE (1980) Transglutaminase. Annu Rev Biochem. 49: 517-31.

Folk JE (1983) Mechanism and basis for specificity of transglutaminase-catalyzed epsilon-(gamma-glutamyl) lysine bond formation. Adv Enzymol Relat Areas Mol Biol. 54: 1-56.

Freeman MR (2006) Sculpting the nervous system: glial control of neuronal development. Curr Opin Neurobiol. Feb; 16 (1): 119-25. Epub 2006 Jan 4.

Fricker-Gates RA (2006) Radial glia: a changing role in the central nervous system. Neuroreport. Jul 31; 17 (11): 1081-4.

Fridman R, Alon Y, Doljanski F, Fuks Z, Vlodavsky I (1985) Cell interaction with the extracellular matrices produced by endothelial cells and fibroblasts. Exp Cell Res. Jun; 158 (2): 461-76.

Gehrmann J, Banati RB, Wiessner C, Hossmann KA, Kreutzberg GW (1995) Reactive microglia in cerebral ischaemia: an early mediator of tissue damage? Neuropathol Appl Neurobiol. Aug; 21 (4): 277-89.

Gehrmann J, Matsumoto Y, Kreutzberg GW (1995) Microglia: intrinsic immuneffector cell of the brain. Brain Res Brain Res Rev. Mar; 20 (3): 269-87.

Geiger B, Bershadsky A, Pankov R, Yamada KM (2001) Transmembrane crosstalk between the extracellular matrix--cytoskeleton crosstalk. Nat Rev Mol Cell Biol. Nov; 2 (11): 793-805.

Gerrow K and El-Husseini A (2006) Cell adhesion molecules at the synapse. Front Biosci. Sep 1; 11: 2400-19.

Gillet SM, Chica RA, Keillor JW, Pelletier JN (2004) Expression and rapid purification of highly active hexahistidine-tagged guinea pig liver transglutaminase. Protein Expr Purif. Feb; 33 (2): 256-64.

Giros B, Jaber M, Jones SR, Wightman RM, Caron MG (1996) Hyperlocomotion and indifference to cocaine and amphetamine in mice lacking the dopamine transporter. Nature. Feb 15; 379 (6566): 606-12.

Goda Y and Davis GW (2003) Mechanisms of synapse assembly and disassembly. Neuron. Oct 9; 40 (2): 243-64.

Goodman CS (1996) Mechanisms and molecules that control growth cone guidance. Annu Rev Neurosci. 19: 341-77.

Göritz C, Mauch DH, Nägler K, Pfrieger FW (2002) Role of glia-derived cholesterol in synaptogenesis: new revelations in the synapse-glia affair. J Physiol Paris. Apr-Jun; 96 (3-4): 257-63.

Gorman JM, Hirschfeld RM, Ninan PT (2002) New developments in the neurobiological basis of anxiety disorders. Psychopharmacol Bull. Summer; 36 Suppl 2: 49-67.

Grant FJ, Taylor DA, Sheppard PO, Mathewes SL, Lint W, Vanaja E, Bishop PD, O'Hara PJ (1994) Molecular cloning and characterization of a novel transglutaminase cDNA from a human prostate cDNA library. Biochem Biophys Res Commun. Sep 15; 203 (2): 1117-23.

Grasso P, Dattatreyamurty B, Dias JA, Reichert LE Jr. (1987) Transglutaminase activity in bovine calf testicular membranes: evidence for a possible role in the interaction of follicle-stimulating hormone with its receptor. Endocrinology. Aug; 121 (2): 459-65.

Greenberg CS, Birckbichler PJ, Rice RH (1991) Transglutaminases: multifunctional cross-linking enzymes that stabilize tissues. FASEB J. Dec; 5 (15): 3071-7.

Grenard P, Bresson-Hadni S, El Alaoui S, Chevallier M, Vuitton DA, Ricard-Blum S (2001) Transglutaminase-mediated cross-linking is involved in the stabilization of extracellular matrix in human liver fibrosis. J Hepatol. Sep; 35 (3): 367-75.

Grinnell F, Feld M, Minter D (1980) Fibroblast adhesion to fibrinogen and fibrin substrata: requirement for cold-insoluble globulin (plasma fibronectin). Cell. Feb; 19 (2): 517-25.

Gröters S, Alldinger S, Baumgärtner W (2005) Up-regulation of mRNA for matrix metalloproteinases-9 and -14 in advanced lesions of demyelinating canine distemper leukoencephalitis. Acta Neuropathol. Oct; 110 (4): 369-82. Epub 2005 Aug 25.

Grossowicz N, Wainfan E, Borek E, Waelsch H (1950) The enzymatic formation of hydroxamic acids from glutamine and asparagine. J Biol Chem. Nov; 187 (1): 111-25.

Grumet M, Milev P, Sakurai T, Karthikeyan L, Bourdon M, Margolis RK, Margolis RU (1994) Interactions with tenascin and differential effects on cell adhesion of neurocan and phosphacan, two major chondroitin sulfate proteoglycans of nervous tissue. J Biol Chem. Apr 22; 269 (16): 12142-6.

Hadjivassiliou M, Aeschlimann P, Strigun A, Sanders DS, Woodroofen N and Aeschlimann D (2008) Autoantibodies in gluten ataxia recognize novel neuronal transglutaminase. Ann Neurol. 64; 332 – 343.

Halliday G and Hardin A (1995). Serotonin and Tachykinin Systems. The rat nervous system. G. Paxinos. San Diego, Academic Press: 929-74.

Härtig W, Derouiche A, Welt K, Brauer K, Grosche J, Mäder M, Reichenbach A, Brückner G (1999) Cortical neurons immunoreactive for the potassium channel Kv3.1b subunit are predominantly surrounded by perineuronal nets presumed as a buffering system for cations. Brain Res. Sep 18; 842 (1):15-29.

Hashimoto K, Engberg G, Shimizu E, Nordin C, Lindstrom LH, Iyo M (2005) Reduced D-serine to total serine ratio in the cerebrospinal fluid of drug naïve schizophrenic patients. Prog Neuropsychopharmacol Biol Psychiatry. 29, 767-769.

Haydon PG (2001) GLIA: listening and talking to the synapse. Nat Rev Neurosci. 2, 185-193.

Heinrich K, Hippius H und Pöldinger W (1991) Serotonin - Ein funktioneller Ansatz für die psychiatrische Diagnose und Therapie? In: Duphar med communication, Springer Verlag, Berlin, Heidelberg

Hirrlinger J, Hulsmann S, Kirchhoff F (2004) Astroglial processes show spontaneous motility at active synaptic terminals in situ. Eur J Neurosci. 20, 2235-2239.

Horschitz S, Hummerich R and Schloss P (2001) Structure, function and regulation of the 5-hydroxytryptamine (serotonin) transporter. Biochem Soc Trans. 29, (Pt2) 728-732.

Icekson T and Apelbaum A (1987) Evidence for Transglutaminase Activity in Plant Tissue. Plant Physiol. Aug; 84 (4): 972-974.

Ideguchi H, Nishimura J, Nawata H, Hamasaki N (1990) A genetic defect of erythrocyte band 4.2 protein associated with hereditary spherocytosis. Br J Haematol. Mar; 74 (3): 347-53.

Jacobs BL and Azmitia EC (1992) Structure and function of the brain serotonin system. Physiol Rev. Jan; 72 (1): 165-229.

Jacobs BL (1992) Serotonin and behavior: emphasis on motor control. J Clin Psychiatry. Dec; 52 Suppl: 17-23.

Jacobs BL and Fornal CA (1991) Activity of brain serotonergic neurons in the behaving animal. Pharmacol Rev. Dec; 43 (4): 563-78.

Johnson RA, Eshleman AJ, Meyers T, Neve KA, Janowsky A (1998) [3H]substrate- and cell-specific effects of uptake inhibitors on human dopamine and serotonin transporter-mediated efflux. Synapse. Sep; 30 (1): 97-106.

Jones SR, Gainetdinov RR, Wightman RM, Caron MG (1998) Mechanisms of amphetamine action revealed in mice lacking the dopamine transporter. J Neurosci. Mar 15; 18 (6): 1979-86.

Julien JP (1997) Neurofilaments and motor neuron disease. Trends Cell Biol. Jun; 7 (6): 243-9.

Julien RM (1997) Drogen und Psychopharmaka. Spektrum Akademischer Verlag, Spektrum Akademischer Verlag

Junn E, Ronchetti RD, Quezado MM, Kim SY, Mouradian MM (2003) Tissue transglutaminase-induced aggregation of alpha-synuclein: Implications for Lewy body formation in Parkinson's disease and dementia with Lewy bodies. Proc Natl Acad Sci USA. 100 (4): 2047-52.

Rang HP, Dale MM, Ritter JM (1999) Pharmacology, 4th Edition. Churchill Livingstone, Churchill Livingstone.

Kalb RG and Hockfield S (1988) Molecular evidence for early activity-dependent development of hamster motor neurons. J Neurosci. Jul; 8 (7): 2350-60.

Kandel ER, Schwartz JH, Jessel TM (2000) Principles of Neural Science. McGraw-Hill, New York.

Kang H and Cho YD (1996) Purification and properties of transglutaminase from soybean (Glycine max) leaves. Biochem Biophys Res Commun. 1996 Jun 14; 223 (2): 288-92.

Kang N, Xu J, Xu Q, Nedergaard M, Kang J (2005) Astrocytic glutamate release-induced transient depolarization and epileptiform discharges in hippocampal CA1 pyramidal neurons. J Neurophysiol. 94, 4121-4130.

Kang N, Xu J, Xu Q, Nedergaard M, Kang J (2005)   Astrocytic glutamate release-induced transient depolarization and epileptiform discharges in hippocampal CA1 pyramidal neurons. J Neurophysiol. 2005 Dec; 94 (6): 4121-30. Epub 2005 Sep 14.

Kao WJ (1999) Evaluation of protein-modulated macrophage behavior on biomaterials: designing biomimetic materials for cellular engineering. Biomaterials. 1999 Dec; 20 (23-24): 2213-21.

Kappler J, Stichel CC, Gleichmann M, Gillen C, Junghans U, Kresse H, Müller HW (1998) Developmental regulation of decorin expression in postnatal rat brain. Brain Res. May 18; 793 (1-2): 328-32.

Karlson P, Doenecke D, Koolman J, Fuchs G, Gerok W (2005) Karlsons Biochemie und Pathobiochemie. Georg Thieme Verlag Stuttgart; 14. Auflage.

Kettenmann H and Ransom BR (2004) Neuroglia. Oxford University Press, USA; 2 Edition.

Kim SY, Jeitner TM, Steinert PM (1992) Transglutaminases in disease. Neurochem Int. 2002 Jan; 40 (1): 85103.

Kim SY, Grant P, Lee JH, Pant HC and Steinert PM (1999) Differential Expression of Multiple Transaglutaminases in Human Brain. J Biol Chem. Oct 22; 274 (43): 30715-30721.

Kittler K, Lau T, Schloss P (2010) Antagonists and substrates differentially regulate serotonin transporter cell surface expression in serotonergic neurons. Eur J Pharmacol. 629 (1-3): 637.

Knight CR, Rees RC, Elliott BM, Griffin M (1990) a. The existence of an inactive form of transglutaminase within metastasising tumours. Biochim Biophys Acta. Jun 12; 1053 (1): 13-20.

Knight CR, Rees RC, Elliott BM, Griffin M (1990) b. Immunological similarities between cytosolic and particulate tissue transglutaminase. FEBS Lett. Jun 4; 265 (1-2): 93-6.

Kojima S, Nara K, Rifkin DB (1993) Requirement for transglutaminase in the activation of latent transforming growth factor-beta in bovine endothelial cells. J Cell Biol. 1993 Apr; 121 (2): 439-48.

Korsgren C, Lawler J, Lambert S, Speicher D, Cohen CM (1990) Complete amino acid sequence and homologies of human erythrocyte membrane protein band 4.2. Proc Natl Acad Sci U S A. 1990 Jan;87(2):613-7.

Kosmehl H, Berndt A, Katenkamp D (1996) Molecular variants of fibronectin and laminin: structure, physiological occurrence and histopathological aspects. Virchows Arch. 1996 Dec; 429 (6): 311-22.

Kyhse-Andersen J (1984) Electroblotting of multiple gels: a simple apparatus without buffer tank for rapid transfer of proteins from polyacrylamide to nitrocellulose. J Biochem Biophys Methods. Dec; 10 (3-4): 203-9.

Laemmli UK (1970) Cleavage of structural proteins durind the assembly of the head of bacteriophage T4. Nature 227, 680-685.

Lai TS, Slaughter TF, Koropchak CM, Haroon ZA, Greenberg CS (1996) C-terminal deletion of human tissue transglutaminase enhances magnesium-dependent GTP/ATPase activity. J Biol Chem. Dec 6; 271 (49): 31191-5.

Lai TS, Slaughter TF, Peoples KA, Hettasch JM, Greenberg CS (1998) Regulation of human tissue transglutaminase function by magnesium-nucleotide complexes. Identification of distinct binding sites for Mg-GTP and Mg-ATP. J Biol Chem. Jan 16; 273 (3): 1776-81.

Lau T, Horschitz S, Berger S, Bartsch D, Schloss P (2008) Antidepressant-induced internalization of the serotonin transporter in serotonergic neurons. FASEB J. 22 (6): 1702-14.

Lee 1 KN, Birckbichler PJ, Patterson MK Jr (1989) GTP hydrolysis by guinea pig liver transglutaminase. Biochem Biophys Res Commun. Aug 15; 162 (3): 1370-5.

Lee 2 KN, Arnold SA, Birckbichler PJ, Patterson MK Jr, Fraij BM, Takeuchi Y, Carter HA (1993) Site-directed mutagenesis of human tissue transglutaminase: Cys-277 is essential for transglutaminase activity but not for GTPase activity. Biochim Biophys Acta. 1993 Sep 3; 1202 (1): 1-6.

Leigh PN and Swash M (1991) Cytoskeletal pathology in motor neuron diseases. Adv Neurol. 56: 115-24.

Leikina E, Mertts MV, Kuznetsova N, Leikin S (2002) Type I collagen is thermally unstable at body temperature. Proc Natl Acad Sci U S A. Feb 5; 99 (3): 1314-8. Epub 2002 Jan 22.

Leonard BE (1997) Noradrenaline in basic models of depression. Eur Neuropsychopharmacol. 1997 Apr; 7 Suppl 1: S 11-6; discussion S71-3.

Lesort M, Attanavanich K, Zhang J, Johnson GV (1998) Distinct nuclear localization and activity of tissue transglutaminase. J Biol Chem. May 15; 273 (20): 11991-4.

Lesort M, Tucholski J, Zhang J, Johnson GV (2000) Impaired mitochondrial function results in increased tissue transglutaminase activity in situ. J Neurochem. Nov; 75 (5): 1951-61.

Lewis JH (1972) Comparative hemostasis: studies on elasmobranchs. Comp Biochem Physiol A Comp Physiol. May 1; 42 (1): 233-40.

Loewy AG (1968) Mechanism of action of factor XIII. Thromb Diath Haemorrh Suppl. 28: 1-12; discussion; 23-54.

Lorand Land Conra SM (1984) Transglutaminases. Mol Cell Biochem. 58 (1-2): 9-35.

Lorand L, Losowsky MS, Miloszewski KJ (1980) Human factor XIII: fibrin-stabilizing factor. Prog Hemost Thromb. 5: 245-90.

LOWRY OH, ROSEBROUGH NJ, FARR AL, RANDALL RJ (1951) Protein measurement with the Folin phenol reagent. J Biol Chem. Nov; 193 (1): 265-75.

Lucki I (1998) The spectrum of behaviors influenced by serotonin. Biol Psychiatry. Aug 1; 44 (3): 151-62.

Ludwin SK (1984) Proliferation of mature oligodendrocytes after trauma to the central nervous system. Nature. Mar 15-21; 308 (5956): 274-5.

Ludwin SK (1997) The pathobiology of the oligodendrocyte. J Neuropathol Exp Neurol. Feb; 56 (2): 111-24.

Lynch GW and Pfueller SL (1988) Thrombin-independent activation of platelet factor XIII by endogenous platelet acid protease. Thromb Haemost. Jun 16; 59 (3): 372-7.

McNicol A. and Israels S. J. (2003) Platelets and anti-platelet therapy. J Pharmacol Sci. 93: 381-396.

Maccioni RB and Seeds NW (1986) Transglutaminase and neuronal differentiation. Mol Cell Biochem. Feb; 69 (2): 161-8.

Malatesta P, Hack MA, Hartfuss E, Kettenmann H, Klinkert W, Kirchhoff F, Götz M (2003) Neuronal or glial progeny: regional differences in radial glia fate. Neuron. Mar 6; 37 (5): 751-64.

Maleski M and Hockfield S (1997) Glial cells assemble hyaluronan-based pericellular matrices in vitro. Glia. Jul; 20 (3): 193-202.

Mann JJ, Brent DA, Arango V (2001) The neurobiology and genetics of suicide and attempted suicide: a focus on the serotonergic system. Neuropsychopharmacology. May; 24 (5): 467-77.

Maragakis NJ und Rothstein JD (2006) Mechanisms of Disease: astrocytes in neurodegenerative disease. Nat Clin Pract Neurol. Dec; 2 (12): 679-89.

Margolis FL, Kudrycki K, Stein-Izsak C, Grillo M, Akeson R (1993) From genotype to olfactory neuron phenotype: the role of the Olf-1-binding site. Ciba Found Symp. 179: 3-20.

Margolis RK, Rauch U, Maurel P, Margolis RU (1996) Neurocan and phosphacan: two major nervous tissue-specific chondroitin sulfate proteoglycans. Perspect Dev Neurobiol. 3 (4): 273-90.

Margosiak SA, Dharma A, Bruce-Carver MR, Gonzales AP, Louie D, Kuehn GD (1990) Identification of the Large Subunit of Ribulose 1,5-Bisphosphate Carboxylase/Oxygenase as a Substrate for Transglutaminase in Medicago sativa L. (Alfalfa). Plant Physiol. Jan; 92 (1): 88-96.

Markwell MA, Haas SM, Bieber LL, Tolbert NE (1978) A modification of the Lowry procedure to simplify protein determination in membrane and lipoprotein samples. Anal Biochem. Jun 15; 87 (1): 206-10.

Masson J, Sagné C, Hamon M, El Mestikawy S (1999) Neurotransmitter transporters in the central nervous system. Pharmacol Rev. Sep; 51 (3): 439-64.

Matsukawa M, Ogawa M, Nakadate K, Maeshima T, Ichitani Y, Kawai N and Okado N (1997) Serotonin and acetylcholine are crucial to maintain hippocampal synapses and memory acquisition in rats. Neurosci Lett. 230; 13-16.

Mauch DH, Nägler K, Schumacher S, Göritz C, Müller EC, Otto A, Pfrieger FW (2001) CNS synaptogenesis promoted by glia-derived cholesterol. Science. Nov 9; 294 (5545): 1354-7.

Meda L, Baron P, Scarlato G (2001) Glial activation in Alzheimer's disease: the role of Abeta and its associated proteins. Neurobiol Aging. Nov-Dec; 22 (6): 885-93.

Mehta K, Fok JY, Mangala LS (2005) Tissue transglutaminase: from biological glue to cell survival cues. Front Biosci. Jan 1; 11: 173-85.

Meyer-Puttlitz B, Milev P, Junker E, Zimmer I, Margolis RU, Margolis RK (1995) Chondroitin sulfate and chondroitin/keratan sulfate proteoglycans of nervous tissue: developmental changes of neurocan and phosphacan. J Neurochem. Nov; 65 (5): 2327-37.

Mian S, el Alaoui S, Lawry J, Gentile V, Davies PJ, Griffin M (1995) The importance of the GTP-binding protein tissue transglutaminase in the regulation of cell cycle progression. FEBS Lett. Aug 14; 370 (1-2): 27-31.

Miao Q, Baumgärtner W, Failing K, Alldinger S (2003) Phase-dependent expression of matrix metalloproteinases and their inhibitors in demyelinating canine distemper encephalitis. Acta Neuropathol. Nov; 106 (5): 486-94. Epub 2003 Aug 15.

Milev P, Maurel P, Chiba A, Mevissen M, Popp S, Yamaguchi Y, Margolis RK, Margolis RU (1998) Differential regulation of expression of hyaluronan-binding proteoglycans in developing brain: aggrecan, versican, neurocan, and brevican. Biochem Biophys Res Commun. Jun 18; 247 (2): 207-12.

Millan MJ (2003) The neurobiology and control of anxious states. Prog Neurobiol 70: 83-244.

Minagar A, Shapshak P, Fujimura R, Ownby R, Heyes M, Eisdorfer C (2002) The role of macrophage/microglia and astrocytes in the pathogenesis of three neurologic disorders: HIV-associated dementia, Alzheimer disease, and multiple sclerosis. J Neurol Sci. Oct 15; 202 (1-2): 13-23.

Minagar A, Toledo EG, Alexander JS (2004) Pathogenesis of brain and multiple sclerosis. J Neuroimmag. Vol. 14: 5 – 10.

Mostafavi-Pour Z, Askari JA, Whittard JD, Humphries MJ (2001) Identification of a novel heparin-binding site in the alternatively spliced IIICS region of fibronectin: roles of integrins and proteoglycans in cell adhesion to fibronectin splice variants. Matrix Biol. Feb; 20 (1): 63-73.

Mostafavi-Pour Z, Askari JA, Parkinson SJ, Parker PJ, Ng TT, Humphries MJ (2003) Integrin-specific signaling pathways controlling focal adhesion formation and cell migration. J Cell Biol. Apr 14; 161 (1): 155-67.

Murtaugh MP, Arend WP, Davies PJ (1984) Induction of tissue transglutaminase in human peripheral blood monocytes. J Exp Med. Jan 1; 159 (1): 114-25.

Nagano N, Aoyagi M, Hirakawa K (1993) Extracellular matrix modulates the proliferation of rat astrocytes in serum-free culture. Glia. Jun; 8 (2): 71-6.

Nakaoka H, Perez DM, Baek KJ, Das T, Husain A, Misono K, Im MJ, Graham RM (1994) Gh: a GTP-binding protein with transglutaminase activity and receptor signaling function. Science. Jun 10; 264 (5165): 1593-6.

Nemeroff CB (1998) Psychopharmacology of affective disorder in the 21st century. Biol Psychiatry. 44, 517-525.

Niquet J and Represa A (1996) Entactin immunoreactivity in immature and adult rat brain. Brain Res Dev Brain Res. Sep 2; 95 (2): 227-33.

Novak U and Kaye AH (2000) Extracellular matrix and the brain: components and function. J Clin Neurosci. Jul; 7 (4): 280-90.

Nozawa H, Mamegoshi S, Seki N (1997) Partial purification and characterization of six transglutaminases from ordinary muscles of various fishes and marine invertebrates. Comp Biochem Physiol B Biochem Mol Biol. Oct; 118 (2): 313-7.

Connor EA, Qin K, Yankelev H, DeStefano D (1994) Synaptic activity and connective tissue remodeling in denervated frog muscle. J Cell Biol. Dec; 127 (5): 1435-45.

Oksenberg JR, Baranzini SE, Barcellos GH (2001) Multiple sclerosis. J Neuroimmunology. Vol. 113: 171 – 184.

Oliverio S, Amendola A, Di Sano F, Farrace MG, Fesus L, Nemes Z, Piredda L, Spinedi A, Piacentini M (1997) Tissue transglutaminase-dependent posttranslational modification of the retinoblastoma gene product in promonocytic cells undergoing apoptosis. Mol Cell Biol. Oct; 17 (10): 6040-8.

Ortega S, Malumbres M, Barbacid M (2002) Cyclin D-dependent kinases, INK4 inhibitors, and cancer. Biochim Biophys Acta. 1602: 73–87.

Penfield W (1932) Intracerebral Vascular Nerves. Arch Neurol Psychiatry. 27 (1): 30-44.

Peter D, Liu Y, Sternini C, de Giorgio R, Brecha N, Edwards RH (1995) Differential expression of two vesicular monoamine transporters. J Neurosci. Sep; 15 (9): 6179-88.

Peters M (1976) Cobalt-staining of motor nerve endings in the locust (Locusta migratoria). Experientia. Feb; 15; 32 (2): 264-6.

Pfahl M, Apfel R, Bendik I, Fanjul A, Graupner G, Lee MO, La-Vista N, Lu XP, Piedrafita J, Ortiz MA (1994) Nuclear retinoid receptors and their mechanism of action. Vitam Horm. 49: 327-82.

Phillips OM, Wood KM, Williams DC (1984) Binding of [3H]imipramine to human platelet membranes with compensation for saturable binding to filters and its implication for binding studies with brain membranes. J Neurochem. Aug; 43 (2): 479-86.

Piacentini M, Fesus L, Farrace MG, Ghibelli L, Piredda L, Melino G (1991) The expression of "tissue" transglutaminase in two human cancer cell lines is related with the programmed cell death (apoptosis). Eur J Cell Biol. Apr; 54 (2): 246-54.

Piacentini M, Martinet N, Beninati S and Folk JE (1988) Free and protein-conjugated polyamines in mouse epidermal cells. Effect of high calcium and retinoic acid. J Biol Chem. 263, 3790 – 3794.

Pineyro G and Blier P (1999) Autoregulation of serotonin neurons: role in antidepressant drug action. Pharmacol Rev. 51: 533-591.

Pinto L and Götz M (2007) Radial glial cell heterogeneity--the source of diverse progeny in the CNS. Prog Neurobiol. Sep; 83 (1): 2-23. Epub 2007 Mar 7.

Piredda L, Farrace MG, Lo Bello M, Malorni W, Melino G, Petruzzelli R, Piacentini M (1999) Identification of 'tissue' transglutaminase binding proteins in neural cells committed to apoptosis. FASEB J. Feb; 13 (2): 355-64.

Pires Neto MA, Braga-de-Souza S, Lent R (1999) Extracellular matrix molecules play diverse roles in the growth and guidance of central nervous system axons. Braz J Med Biol Res. May; 32 (5): 633-8.

Polakowska R, Herting E, Goldsmith LA (1991) Isolation of cDNA for human epidermal type I transglutaminase. J Invest Dermatol. Feb; 96 (2): 285-8.

Powell RJ, Hydowski J, Frank O, Bhargava J, Sumpio BE (1997) Endothelial cell effect on smooth muscle cell collagen synthesis. J Surg Res. Apr; 69 (1): 113-8.

Priglinger SG, Alge CS, Neubauer AS, Kristin N, Hirneiss C, Eibl K, Kampik A, Welge-Lussen U (2004) TGF-beta2-induced cell surface tissue transglutaminase increases adhesion and migration of RPE cells on fibronectin through the gelatin-binding domain. Invest Ophthalmol Vis Sci. Mar; 45 (3): 955-63.

Pruss T, Niere M, Kranz EU, Volkmer H (2004) Homophilic interactions of chick neurofascin in trans are important for neurite induction. Eur J Neurosci. Dec; 20 (11): 3184-8.

Raghunath M, Höpfner B, Aeschlimann D, Lüthi U, Meuli M, Altermatt S, Gobet R, Bruckner-Tuderman L, Steinmann B (1996) Cross-linking of the dermo-epidermal junction of skin regenerating from keratinocyte autografts. Anchoring fibrils are a target for tissue transglutaminase. J Clin Invest. Sep 1; 98 (5): 1174-84.

Rang HP, Dale MM, Ritter JM (1999) Pharmacology. 4. Edit. Churchill Livingstone, Churchill Livingstone.

Remington JA and Russell DH (1982) Intracellular distribution of transglutaminase activity during rat liver regeneration. J Cell Physiol. Nov; 113 (2): 252-6.

Rickmann M, Amaral DG, Cowan WM (1987) Organization of radial glial cells during the development of the rat dentate gyrus. J Comp Neurol. Oct 22; 264 (4): 449-79.

Ritz MC, Lamb RJ, Goldberg SR, Kuhar MJ (1987) Cocaine receptors on dopamine transporters are related to self-administration of cocaine. Science. Sep 4; 237 (4819): 1219-23.

Roch AM, Noel P, el Alaoui S, Charlot C, Quash G (1991) Differential expression of isopeptide bonds N epsilon (gamma-glutamyl) lysine in benign and malignant human breast lesions: an immunohistochemical study. Int J Cancer. May 10; 48 (2): 215-20.

Romanic AM and Madri JA (1994) Extracellular matrix-degrading proteinases in the nervous system. Brain Pathol. Apr; 4 (2): 145-56.

Rosso F, Giordano A, Barbarisi M, Barbarisi A (2004). From cell-ECM interactions to tissue engineering. J Cell Physiol. 199 (2):174-180.

Ruiz-Herrera J, Iranzo M, Elorza MV, Sentandreu R, Mormeneo S (1995) Involvement of transglutaminase in the formation of covalent cross-links in the cell wall of Candida albicans. Arch Microbiol. Sep; 164 (3): 186-93.

Sambrook J and Gething MJ (1989) Protein structure. Chaperones, paperones. Nature. Nov 16; 342 (6247): 224-5.

Schachner M (1994) Neural recognition molecules in disease and regeneration. Curr Opin Neurobiol. Oct; 4 (5): 726-34.

Schachner M (1997) Neural recognition molecules and synaptic plasticity. Curr Opin Cell Biol. Oct; 9 (5): 627-34.

Scheibner J, Trendelenburg AU, Hein L, Starke K (2001) Alpha2-adrenoceptors modulating neuronal serotonin release: a study in alpha2-adrenoceptor subtype-deficient mice. Br J Pharmacol. Feb; 132 (4): 925-33.

Schiebler TH, Schmidt W, Zilles K (1995). Anatomie. Springer Verlag, Berlin Heidelberg New York.

Schipper HM (1996) Astrocytes, brain aging, and neurodegeneration. Neurobiol Aging. May-Jun; 17 (3): 467-80.

Schloss P and Henn FA (2004). New insights into the mechanisms of antidepressant therapy. Pharmacol Ther. Apr; 102 (1): 47-60.

Schloss P and Betz H (1995). Heterogeneity of antidepressant binding sites on the recombinant rat serotonin transporter SERT1. Biochemistry. Oct 3; 34 (39): 12590-5.

Schloss P and Williams DC (1998) The serotonin transporter: a primary target for antidepressant drugs. J Psychopharmacol. 12: 115-121.

Schloss P, Püschel AW, Betz H (1994). Neurotransmitter transporters: new members of known families. Curr Opin Cell Biol. Aug; 6 (4): 595-9.

Schmechel DE and Rakic P (1979) A Golgi study of radial glial cells in developing monkey telencephalon: morphogenesis and transformation into astrocytes. Anat Embryol (Berl). Jun 5; 156 (2): 115-52.

Serafini-Fracassini D, Del Duca S, D'Orazi D (1988) First Evidence for Polyamine Conjugation Mediated by an Enzymic Activity in Plants. Plant Physiol. Jul; 87 (3): 757-761.

Shiba M, Bower JH, Maraganore DM, McDonnell SK, Peterson BJ, Ahlskog JE, Schaid DJ, Rocca WA (2000) Anxiety disorders and depressive disorders preceding Parkinson's disease: a case-control study. Mov Disord 15: 669-77.

Simon (1999). "Der programmierte Zelltod." Cardio News Nr 4.

Singer SM, Zainelli GM, Norlund MA, Lee JM, Muma NA (2002) Transglutaminase bonds in neurofibrillary tangles and paired helical filament tau early in Alzheimer's disease. Neurochem Int. 40 (1): 17-30.

Singh RN and Mehta K (1994) Purification and characterization of a novel transglutaminase from filarial nematode Brugia malayi. Eur J Biochem. Oct 15; 225 (2): 625-34.

Singh US, Erickson JW, Cerione RA (1995) Identification and biochemical characterization of an 80 kilodalton GTP-binding/transglutaminase from rabbit liver nuclei. Biochemistry. Dec 5; 34 (48): 15863-71.

Sixt M, Hallmann R, Wendler O, Scharffetter-Kochanek K, Sorokin LM (2001) Cell adhesion and migration properties of beta 2-integrin negative polymorphonuclear granulocytes on defined extracellular matrix molecules. Relevance for leukocyte extravasation. J Biol Chem. Jun 1; 276 (22): 18878-87. Epub 2001 Mar 14.

Slife CW, Dorsett MD, Bouquett GT, Register A, Taylor E, Conroy S (1985) Subcellular localization of a membrane-associated transglutaminase activity in rat liver. Arch Biochem Biophys. Sep; 241 (2): 329-36.

Slife CW, Dorsett MD, Tillotson ML (1986) Subcellular location and identification of a large molecular weight substrate for the liver plasma membrane transglutaminase. J Biol Chem. Mar 5; 261 (7): 3451-6.

Slife CW, Morris GS, Snedeker SW (1987) Solubilization and properties of the liver plasma membrane transglutaminase. Arch Biochem Biophys. Aug 15; 257 (1): 39-47.

Sobel RA (1998) The extracellular matrix in multiple sclerosis lesions. J Neuropathol Exp Neurol. Mar; 57 (3): 205-17.

Sofroniew MV (2005) Reactive astrocytes in neural repair and protection. Neuroscientist. Oct; 11 (5): 400-7.

Sporn MB and Roberts AB (1983) Role of retinoids in differentiation and carcinogenesis. Cancer Res. Jul; 43 (7): 3034-40.

Steinman L (2001) The pathogenesis of multiple sclerosis consists of an inflammatory neurodegenerative phase.Better understanding of these stages has aided the development specific therapeutic targets. Nature Immunology. Vol.2 (9): 762 – 764.

Sung LA, Chien S, Chang LS, Lambert K, Bliss SA, Bouhassira EE, Nagel RL, Schwartz RS, Rybicki AC (1990) Molecular cloning of human protein 4.2: a major component of the erythrocyte membrane. Proc Natl Acad Sci U S A. Feb; 87 (3): 955-9.

Szasz R and Dale GL (2002) Thrombospondin and fibrinogen bind serotonin-derivatized proteins on COAT-platelets. Blood. Oct 15; 100 (8): 2827-31.

Thomázy V and Fésüs L (1989) Differential expression of tissue transglutaminase in human cells. An immunohistochemical study. Cell Tissue Res. Jan; 255 (1): 215-24.

Tian GF, Azmi H, Takano T, Xu Q, Peng W, Lin J, Oberheim N, Lou N, Wang X, Zielke HR, Kang J, Nedergaard M (2005) An astrocytic basis ofepilepsy. Nat Med. 11, 973-981.

Tokunaga F, Yamada M, Miyata T, Ding YL, Hiranaga-Kawabata M, Muta T, Iwanaga S, Ichinose A, Davie EW (1993) Limulus hemocyte transglutaminase. Its purification and characterization, and identification of the intracellular substrates. J Biol Chem. Jan 5; 268 (1): 252-61.

Törk I (1990) Anatomy of the serotonergic system. Ann N Y Acad Sci. 600: 9-34; discussion 34-5.

Towbin H, Staehelin T, Gordon J (1979) Electrophoretic transfer of proteins from polyacrylamide gels to nitrocellulose sheets: procedure and some applications. Proc Natl Acad Sci U S A. Sep; 76 (9): 4350-4.

Tsai G, Yang P, Chung LC, Lange N, Coyle J T (1998) D-serine added to antipsychotics for the treatment of schizophrenia. Biol Psychiatry. 44, 1081-1089.

Tucholski J, Lesort M, Johnson GV (2001) Tissue transglutaminase is essential for neurite outgrowth in human neuroblastoma SH-SY5Y cells. Neuroscience. 102 (2): 481-91.

Ulrich R, Baumgärtner W, Gerhauser I, Seeliger F, Haist V, Deschl U, Alldinger S (2006) MMP-12, MMP-3, and TIMP-1 are markedly upregulated in chronic demyelinating theiler murine encephalomyelitis. J Neuropathol Exp Neurol. Aug; 65 (8): 783-93.

Upchurch HF, Conway E, Patterson MK Jr, Maxwell MD (1991) Localization of cellular transglutaminase on the extracellular matrix after wounding: characteristics of the matrix bound enzyme. J Cell Physiol. Dec; 149 (3): 375-82.

Vizi ES (2000) Role of high-affinity receptors and membrane transporters in nonsynaptic communication and drug action in the central nervous system. Pharmacol Rev. 52: 63-89.

Vizi ES, Kiss JP and Lendvai B (2004) Nonsynaptic communication in the central nervous system. Neurochem Int. 45: 443-451.

Voigt T (1989) Development of glial cells in the cerebral wall of ferrets: direct tracing of their transformation from radial glia into astrocytes. J Comp Neurol. Nov 1; 289 (1): 74-88.

Volkmer H, Leuschner R, Zacharias U, Rathjen FG (1996) Neurofascin induces neurites by heterophilic interactions with axonal NrCAM while NrCAM requires F11 on the axonal surface to extend neurites. J Cell Biol. Nov; 135 (4): 1059-69.

Volkmer H, Zacharias U, Nörenberg U, Rathjen FG (1998) Dissection of complex molecular interactions of neurofascin with axonin-1, F11, and tenascin-R, which promote attachment and neurite formation of tectal cells. J Cell Biol. Aug 24; 142 (4): 1083-93.

Volkow N D, Wang GJ, Kollins S H, Wigal T L, Newcorn J H, Telang F, Fowler J S, Zhu W, Logan J, Ma J, Pradhan K, Wong C, Swanson J M (2009) Evaluating Dopamine Reward Pathway in ADHD: Clinical Implications. JAMA. 302 (10): 1084-1091.

Waks D, Arnout J, Demulder A, Ferster A, Fondu P.1989; Inherited factor XIII deficiency. Acta Clin Belg. 44 (1): 52-7.

Walsh FS and Doherty P (1996) Cell adhesion molecules and neuronal regeneration. Curr Opin Cell Biol. Oct; 8 (5):707-13.

Walther DJ, Peter JU, Winter S, Höltje M, Paulmann N, Grohmann M, Vowinckel J, Alamo-Bethencourt V, Wilhelm CS, Ahnert-Hilger G, Bader M (2003) Serotonylation of small

GTPases is a signal transduction pathway that triggers platelet alpha-granule release. Cell. Dec 26; 115 (7): 851-62.

Walsh DM, Klyubin I, Fadeeva JV, Cullen WK, Anwyl R, Wolfe MS, Rowan MJ, Selkoe DJ (2002) Naturally secreted oligomers of amyloid beta protein potently inhibit hippocampal long-term potentiation in vivo. Nature. 41 6 (6880): 535-9.

Wang XQ, Chen L, Pan R, Zhao J, Liu Y, He RQ (2008) An earthworm protease cleaving serum fibronectin and decreasing HBeAg in HepG2.2.15 cells. BMC Biochem. Nov 24; 9: 30.

Watts SW, Priestley JR and Thompson J M (2009) Serotonylation of vascular proteins important to contraction. PLoS One. 4: e5682.

Webb K, Budko E, Neuberger TJ, Chen S, Schachner M, Tresco PA (2001) Substrate-bound human recombinant L1 selectively promotes neuronal attachment and outgrowth in the presence of astrocytes and fibroblasts. Biomaterials. May; 22 (10): 1017-28.

Webersinke G, Bauer H, Amberger A, Zach O, Bauer HC (1992) Comparison of gene expression of extracellular matrix molecules in brain microvascular endothelial cells and astrocytes. Biochem Biophys Res Commun. Dec 15; 189 (2): 877-84.

Weidenfeld I, Gossen M, Low R, Kentner D, Berger S, Gorlich D, Bartsch D, Bujard H and Schonig K (2009) Inducible expression of coding and inhibitory RNAs from retargetable genomic loci. Nucleic Acids Res. 37: e 50.

Weinshenker D and Szot P (2002) The role of catecholamines in seizure susceptibility: new results using genetically engineered mice. Pharmacol Ther. Jun; 94 (3): 213-33.

Weraarchakul-Boonmark N, Jeong JM, Murthy SN, Engel JD, Lorand L (1992) Cloning and expression of chicken erythrocyte transglutaminase. Proc Natl Acad Sci U S A. Oct 15; 89 (20): 9804-8.

Wilkinson LS (1997) The nature of interactions involving prefrontal and striatal dopamine systems. J Psychopharmacol. 11 (2): 143-150.

Woessner JF, Nagase H, Woessner F (2000) Matrix Metalloproteinases and TIMPs. Oxford University Press, USA.

Wong WS, Batt C, Kinsella JE (1990) Purification and characterization of rat liver transglutaminase. Int J Biochem. 22 (1): 53-9.

Yasueda H, Kumazawa Y, Motoki M (1994) Purification and characterization of a tissue-type transglutaminase from red sea bream (Pagrus major). Biosci Biotechnol Biochem. Nov; 58 (11): 2041-5.

Zainelli GM, Ross CA, Troncoso JC, Muma NA (2003) Transglutaminase cross-links in intranuclear inclusions in Huntington disease. J Neuropathol Exp Neurol. 62 (1): 14-24.

Zahniser NR und Doolen S (2001) Chronic and acute regulation of Na+ / Cl- -dependent neurotransmitter transporters: drugs, substrates, presynaptic receptors, and signaling systems. Pharmacol Ther. 92, 21-55.

Zenker W und Drenckhahn D (1994) Benninghoff Anatomie. 2 Bd., 15. Aufl., Urban & Schwarzberg, München/Wien/Baltimore

Zhang J, Guttmann RP, Johnson GV (1998) Tissue transglutaminase is an in situ substrate of calpain: regulation of activity. J Neurochem. Jul; 71 (1): 240-7.

Zimmermann H (1993) Synaptic Transmission – cellular and molecular basis. Georg Thieme Verlag Stuttgart – New York.

8. Anhang

8.1. Publikationsliste

Horschitz S, Hummerich R, Schloss P (2001) Down-regulation of the rat serotonin transporter upon exposure to a selektive serotonin reuptake inhibitor. Neuroreport. 12, 2181-2184.

Horschitz S, Hummerich R, Schloss P (2001) Structure, function and regulation of the 5-hydroxytryptamine (serotonin) transporter. Biochem Soc Trans. 29, (Pt2) 728-732.

Horschitz S, Hummerich R, Schloss P (2003) Functional coupling of serotonin and noradrenaline transporters. J Neurochem. 86, 958-965.

Hummerich R, Reischl G, Heinz A, Machulla HJ, Schloss P (2004) Characterization of the PET-Tracer DASB (3-amino-4-[2-dimethylaminomethyl-phenylsulfanyl]-benzonitril) at recombinant monoamine transporters. J Neurochem. Sep; 90 (5): 1218-26.

Horschitz S, Hummerich R, Lau T, Rietschel M, Schloss P. (2005) A dopamine transporter mutation associated with bipolar affective disorder causes inhibition of transporter cell surface expression. Mol Psychiatry. Dec; 10 (12): 1104-9. Erratum in: Mol Psychiatry. 2006 Jul; 11 (7): 704.

Hummerich R, Schulze O, Rädler T, Mikecz P, Reimold M, Brenner W, Clausen M, Schloss P, Buchert R (2006). Inhibition of serotonin transport by (+)McN5652 is noncompetitive. Nucl Med Biol. Apr; 33 (3): 317-23.

Riss PJ, Hummerich R, Schloss P (2009). Synthesis and monoamine uptake inhibition of conformationally constrained 2beta-carbomethoxy-3beta-phenyl tropanes. Org Biomol Chem. Jul 7; 7 (13): 2688-98.

Riss PJ, Debus F, Hummerich R, Schmidt U, Schloss P, Lueddens H, Roesch F (2009). Ex vivo and in vivo evaluation of [18F]PR04.MZ in rodents: a selective dopamine transporter imaging agent. ChemMedChem. Sep; 4 (9): 1480-7.

Publikation aus der Arbeit

Hummerich R and Schloss P (2010). Serotonin - more than a neurotransmitter: transglutaminase-mediated serotonylation of C6 glioma cells and fibronectin. Neurochem Int. Aug; 57 (1): 67-75.

8.2. Tabellen- und Abbildungsverzeichnis

Tabellenverzeichnis   Seite

Tabelle 1: Transglutaminasen	1
Tabelle 2: Pipettierschema zur Bestimmung der Transglutaminase Aktivität	36
Tabelle 3: Zusammensetzung der SDS-Gele	39
Tabelle 4: Verwendete Primärantikörper	41
Tabelle 5: Verwendete Sekundärantikörper	42
Tabelle 6: Auflistung der Einzelwerte und der Mittelwerte für die Bestimmung der Zeitabhängigkeit der Transamidierungsreaktion von [^{3}H]5-HT an gesamt Mausgehirn mediiert durch recombinante Transglutaminase 2	57

Abbildungsverzeichnis   Seite

Abbildung 1: Die Biochemische Aktivität von Transglutaminase	3
Abbildung 2: Modell für die Oberflächen aktivierten Thrombozyten (COAT-platelet; collagen and thrombin activated platelets) durch die Bindung von Serotonin (5-HT)	6
Abbildung 3: Die Extrazellulären Matrix	21
Abbildung 4: Prinzip des Hydroxamattests zur Bestimmung der Transglutaminase-Aktivität.	36
Abbildung 5: Zusammenstellung der Agarosegel-Läufe des Restriktionsverdaus von pQE32-TGase2 mit *EcoRI* und PstI	53
Abbildung 6: SDS-PAGE Analyse der TGase Isolierung und Aufreinigung	56
Abbildung 7: Durch endogene Transglutaminase vermittelt Transamidierung von [^{3}H]5-HT an gesamt Mausgehirnprotein in Ab- und Anwesenheit von Monodansylcadaverin (MDC) und Cystamin	57
Abbildung 8: Zeitabhängigkeit der Transamidierungsreaktion von [^{3}H]5-HT an gesamt Maushgehirn mediiert durch recombinante Transglutaminase 2	58
Abbildung 9: Bindung und Transamidierung von [^{3}H]5-HT an Mausgehirnprotein	60

Abbildung 10: Bindung und Transamidierung von [^{3}H]5-HT an Mausgehirn   61
Homogenaten in An- und Abwesenheit der recombinanten TGase2
Abbildung 11: Bindung und Transamidierung von [^{3}H]5-HT an C6-Glioma-Zellen   63
Abbildung 12: Inkorporation von MDC und 5,7-DHT an extrazelluläres   65
C6-Glioma-Zellprotein
Abbildung 13: Ponceau-Färbung der Serotonylierung von 5-HT an   67
C6-Glioma-Zellprotein
Abbildung 14: Balkendiagram der Quantifizierung der Serotonylierung von 5-HT   69
an C6-Glioma-Zellprotein durch recombinante TGase2
Abbildung 15: Zellzahlbestimmung zur Ermittlung der Auswirkung von   71
Serotonylierung auf das Zellenwachstum bei C6-Glioma-Zellen
Abbildung 16 A: SDS-PAGE zur Visualisierung der TGase2-mediierten   74
Inkorporation von Monodansyl- cadaverin an
extrazelluläres C6-Glioma-Zellprotein
Abbildung 16 B: Quantifizierung von vier MDC transamidierten, distinkten   74
Proteinbanden des UV detektierten SDS-Gels
Abbildung 17 A: SDS-PAGE zur Identifizierung eines Zielproteins der   76
TGase2-mediierten Inkorporation von Monodansylcadaverin
Abbildung 17 B: SDS-PAGE zum Nachweis endogener und recombinanter   77
Transglutaminase bei der TGase2-mediierten Inkorporation von
Monodansylcadaverin an extrazelluläres C6-Glioma-Zellprotein
Abbildung 18 A: SDS-PAGE zur Visualisierung der TGase2-mediierten   79
Inkorporation von Monodansyl- cadaverin an
Humanes Plasma Fibronektin
Abbildung 18 B: Quantifizierung von zwei MDC transamidierten, distinkten   80
Proteinbanden des UV detektierten SDS-Gels
Abbildung 19: Bindung und Transamidierung von [^{3}H]5-HT an humanes Plasma   82
Fibronektin und Bovines Serum Albumin (BSA)
Abbildung 20: Sättigungsassay der durch recombinanter TGase2-mediierten   84
Transamidierung von [^{3}H]5-HT an humanes Plasma Fibronektin
Abbildung 21: Inhibition der spezifischen Transamidierung von [^{3}H]5-HT an   85
Fibronektin durch unmarkiertes 5-HT

Abbildung 22: Inhibition der spezifischen Transamidierung von [^{3}H]5-HT an   87
Fibronektin durch unmarkiertes DA

Abbildung 23: Inhibition der spezifischen Transamidierung von [^{3}H]5-HT an   87
Fibronektin durch unmarkiertes NA

Abbildung 24: Bindung und Transamidierung von [^{3}H]-DA an   89
humanes Plasma Fibronektin

Abbildung 25: Sättigungsassay der durch recombinanter TGase2-mediierten   91
Transamidierung von [^{3}H]-DA an humanes Plasma Fibronektin

Abbildung 26: Inhibition der spezifischen Transamidierung von [^{3}H]-DA an   92
Fibronektin durch unmarkiertes DA

Abbildung 27: Inhibition der spezifischen Transamidierung von [^{3}H]-DA an   93
Fibronektin durch unmarkiertes 5-HT

Abbildung 28: Inhibition der spezifischen Transamidierung von [^{3}H]-DA an   94
Fibronektin durch unmarkiertes NA

Abbildung 29: Bindung und Transamidierung von [^{3}H]-NA an   95
humanes Plasma Fibronektin

Abbildung 30: Sättigungsassay der durch recombinanter TGase2-mediierten   97
Transamidierung von [^{3}H]-NA an humanes Plasma Fibronektin

Abbildung 31: Inhibition der spezifischen Transamidierung von [^{3}H]-NA an   98
Fibronektin durch unmarkiertes NA

Abbildung 32: Inhibition der spezifischen Transamidierung von [^{3}H]-NA an   99
Fibronektin durch unmarkiertes 5-HT

Abbildung 33: Inhibition der spezifischen Transamidierung von [^{3}H]-NA an   100
Fibronektin durch unmarkiertes DA

I want morebooks!

Buy your books fast and straightforward online - at one of world's fastest growing online book stores! Environmentally sound due to Print-on-Demand technologies.

Buy your books online at
www.morebooks.shop

Kaufen Sie Ihre Bücher schnell und unkompliziert online – auf einer der am schnellsten wachsenden Buchhandelsplattformen weltweit! Dank Print-On-Demand umwelt- und ressourcenschonend produziert.

Bücher schneller online kaufen
www.morebooks.shop

KS OmniScriptum Publishing
Brivibas gatve 197
LV-1039 Riga, Latvia
Telefax: +371 686 204 55

info@omniscriptum.com
www.omniscriptum.com

Printed by Books on Demand GmbH, Norderstedt / Germany